浙江省普通高校"十三五"新形态教材
教育部产学合作协同育人项目(201702020002)
全国高等院校计算机基础教育研究会重点课题(2018-AFCEC-013)

Java
基础与开发

杨欢耸　等　编著

北京邮电大学出版社
www.buptpress.com

内容简介

Java 是一种可以撰写跨平台应用程序的面向对象的程序设计语言,一直以来深受计算机开发者的喜爱。本书共 11 章,主要内容有 Java 开发环境和语言基础、Java 基础、数组与字符串、选择与循环、面向对象编程基础、文本处理和包装类、继承、接口与多态、集合框架、异常处理、输入输出、图形界面开发、数据库编程、多线程等。

本书可作为高等院校的教学用书,也可作为不同层次的培训用书,还可作为学校教师、管理人员和 Java 开发技术人员的参考用书。

图书在版编目(CIP)数据

Java 基础与开发 / 杨欢耸等编著. -- 北京:北京邮电大学出版社,2019.8
ISBN 978-7-5635-5794-3

Ⅰ. ①J… Ⅱ. ①杨… Ⅲ. ①JAVA 语言—程序设计—教材 Ⅳ. ①TP312.8

中国版本图书馆 CIP 数据核字(2019)第 165119 号

书　　名:	Java 基础与开发
作　　者:	杨欢耸　等
责任编辑:	刘春棠
出版发行:	北京邮电大学出版社
社　　址:	北京市海淀区西土城路 10 号(邮编:100876)
发 行 部:	电话:010-62282185　传真:010-62283578
E-mail:	publish@bupt.edu.cn
经　　销:	各地新华书店
印　　刷:	保定市中画美凯印刷有限公司
开　　本:	787 mm×1 092 mm　1/16
印　　张:	14.75
字　　数:	384 千字
版　　次:	2019 年 8 月第 1 版　2019 年 8 月第 1 次印刷

ISBN 978-7-5635-5794-3　　　　　　　　　　　　　　　　　　定价:35.00 元

· 如有印装质量问题,请与北京邮电大学出版社发行部联系 ·

前　言

Java 是一种可以撰写跨平台应用程序的面向对象的程序设计语言，一直以来深受计算机开发者的喜爱，是一门真正做到"一次编译，到处运行"的高级语言，在目前大数据、云计算、移动互联及区块链迅猛发展的产业环境下，Java 语言更具有显著的优势和发展的空间。Java 语言是信息类专业的学生必须掌握的重要内容。

本书分为 11 章，主要内容包括 Java 开发环境和语言基础，Java 基础，数组与字符串，选择与循环，面向对象编程基础，文本处理和包装类，继承、接口与多态，集合框架，异常处理、输入输出，图形界面开发，数据库编程，多线程等。

本书语言简洁明了，以案例为驱动，通过本书的学习，读者可以较快地掌握 Java 的开发技术，独立地进行 Java 的开发。

本书可作为高等院校的教学用书，也可作为不同层次的培训用书，还可作为学校教师、管理人员和 Java 开发技术人员的参考用书。

参加本书编著的有杨欢耸、齐鸣鸣、肖四友、王竹萍、寿周翔、徐舒畅、石兴民、孙军梅、滕国栋、姚争为(排名不分先后)。王亚妮、柳一铭、刁敬唯也为本书做了大量的工作。

本书在编写过程中得到了浙江省高等教育学会教材建设专业委员会、教育部产学合作协同育人项目、杭州师范大学项目(YALK201920)、绍兴文理学院、浙江海洋大学、浙江万里学院及国内众多兄弟高校专家学者的大力支持，全国高等院校计算机基础教育研究会及师范专委会给予了重点关注和指导，在此表示衷心的感谢。

由于作者水平有限，疏漏之处在所难免，欢迎广大读者提出宝贵意见。作者信箱：hzjyhs@163.com。

目　　录

第 1 章　Java 开发环境和语言基础 ························· 1

1.1　Java 简介 ··· 1
1.1.1　Java 的历史 ·· 1
1.1.2　4G 时代对 Java 的影响 ································ 2
1.1.3　Java 平台 ·· 2
1.1.4　Java 的特点 ·· 3

1.2　搭建 Java 开发环境 ··· 4
1.2.1　JDK 简介及安装 ··· 4
1.2.2　下载 JDK API 文档 ····································· 6
1.2.3　配置环境变量 ··· 7
1.2.4　下载 Eclipse 开发环境 ······························· 9

1.3　编写第一个 Java 程序 ··································· 11
1.3.1　新建工程 ··· 11
1.3.2　新建包和类 ··· 13
1.3.3　定义 main 方法 ··· 14
1.3.4　错误和异常的调试 ··································· 14

第 2 章　Java 基础 ··· 16

2.1　注释、标识符与关键字 ··································· 16
2.1.1　注释 ··· 16
2.1.2　标识符 ··· 16
2.1.3　关键字 ··· 17

2.2　基本数据类型与变量 ······································· 17
2.2.1　基本数据类型 ··· 17

  2.2.2 常量 ·········· 18
  2.2.3 变量 ·········· 19
 2.3 表达式与运算符 ·········· 21
  2.3.1 赋值运算符 ·········· 21
  2.3.2 算术运算符 ·········· 23
  2.3.3 关系运算符 ·········· 24
  2.3.4 逻辑运算符 ·········· 25
  2.3.5 条件运算符 ·········· 26
  2.3.6 位运算符 ·········· 27
  2.3.7 其他运算符 ·········· 29
  2.3.8 运算符优先级 ·········· 29
 2.4 简单数据类型转换 ·········· 30
  2.4.1 自动类型转换 ·········· 30
  2.4.2 强制类型转换 ·········· 31
 2.5 键盘输入 ·········· 32
  2.5.1 利用 Scanner 类实现键盘输入 ·········· 32
  2.5.2 利用 Console 类实现键盘输入 ·········· 34
 2.6 字符输出 ·········· 34
  2.6.1 print 方法 ·········· 35
  2.6.2 println 方法 ·········· 35
  2.6.3 printf 方法 ·········· 36

第 3 章 数组与字符串、选择与循环 ·········· 40

 3.1 数组的定义 ·········· 40
 3.2 数组的使用 ·········· 41
 3.3 多维数组 ·········· 42
 3.4 字符串的定义与使用 ·········· 43
 3.5 字符串的常用方法 ·········· 44
 3.6 if-else 语句 ·········· 46
 3.7 if-else 级联和嵌套 ·········· 48
 3.8 switch 语句 ·········· 49
 3.9 while 循环 ·········· 51

3.10　do-while 循环 ··· 52

3.11　for 循环 ··· 54

　　3.11.1　常规 for 循环 ··· 54

　　3.11.2　增强 for 循环 ··· 55

　　3.11.3　for 循环嵌套 ··· 55

3.12　循环中断 ··· 56

第 4 章　面向对象编程基础 ··· 58

4.1　类与对象的基本概念 ··· 58

4.2　类的定义与使用 ··· 59

　　4.2.1　类的定义 ··· 59

　　4.2.2　对象的创建与使用 ··· 60

4.3　方法的定义 ··· 62

　　4.3.1　方法的定义 ··· 62

　　4.3.2　方法的参数传递 ··· 63

　　4.3.3　方法的变长参数 ··· 65

4.4　方法重载 ··· 65

4.5　构造方法 ··· 66

4.6　访问器方法与 this 关键字 ··· 69

　　4.6.1　访问器方法 ··· 69

　　4.6.2　this 关键字 ··· 70

4.7　静态成员 ··· 72

4.8　对象的初始化顺序 ··· 75

4.9　包和 import 语句 ··· 76

　　4.9.1　包 ··· 76

　　4.9.2　import 语句 ··· 77

第 5 章　文本处理和包装类 ··· 81

5.1　包装类介绍 ··· 81

5.2　Character 类的使用 ··· 82

　　5.2.1　Character 类的构造方法 ··· 82

　　5.2.2　Character 类的方法 ··· 83

5.3 StringBuilder 类 ·· 86
    5.3.1 创建可变字符串类 ··· 86
    5.3.2 StringBuilder 类设置和获取属性的方法 ························· 86
    5.3.3 StringBuilder 类修改字符串的方法 ······························· 88

5.4 字符串分词 ·· 91
    5.4.1 StringTokenizer 类的构造函数 ···································· 91
    5.4.2 StringTokenizer 类的方法 ·· 92
    5.4.3 使用多个界定符进行分词 ··· 93

5.5 数值类型的包装类 ·· 94
    5.5.1 将基本数据类型值作为对象处理 ································ 94
    5.5.2 基本数据类型值和对应包装类类型之间的自动转换 ········· 98

第 6 章 继承、接口与多态 100

6.1 继承 ··· 100
6.2 super 关键字 ·· 101
    6.2.1 调用父类的构造方法 ·· 101
    6.2.2 构造方法链 ··· 102
    6.2.3 调用父类的普通方法 ·· 103
6.3 属性隐藏与方法覆盖 ··· 103
    6.3.1 属性隐藏 ·· 103
    6.3.2 方法覆盖 ·· 105
    6.3.3 方法重载 ·· 106
6.4 访问控制修饰符 ·· 107
6.5 Object 类 ··· 107
    6.5.1 Object 类及其 toString()方法 ····································· 108
    6.5.2 Object 类的 equals 方法 ·· 108
6.6 抽象类和抽象方法 ·· 110
    6.6.1 抽象类 ··· 110
    6.6.2 抽象方法 ·· 111
6.7 接口的定义与实现 ·· 111
    6.7.1 接口的定义 ··· 111
    6.7.2 接口的实现 ··· 112

6.8 多态 ··· 112

    6.8.1 多态 ··· 112

    6.8.2 动态绑定 ·· 113

    6.8.3 对象类型的转换 ·· 114

    6.8.4 instanceof 判断对象类型 ··· 115

6.9 枚举类型 ··· 116

    6.9.1 简单枚举类型的定义和使用 ·· 116

    6.9.2 具有数据域、构造方法和方法的枚举类型 ··· 118

第7章 集合框架 ·· 124

7.1 链表 ··· 124

    7.1.1 List 接口 ·· 124

    7.1.2 ArrayList 类 ··· 124

    7.1.3 LinkedList 类 ··· 126

7.2 集合 ··· 127

    7.2.1 Set 接口 ··· 127

    7.2.2 HashSet 类 ··· 127

    7.2.3 TreeSet 类 ·· 128

7.3 映射 ··· 129

    7.3.1 Map 接口 ··· 129

    7.3.2 HashMap 类 ··· 129

    7.3.3 TreeMap 类 ·· 130

第8章 异常处理、输入输出 ··· 132

8.1 处理异常 ··· 132

8.2 抛出异常 ··· 133

8.3 自定义异常类 ·· 134

8.4 File 类 ··· 134

    8.4.1 文件的创建 ·· 135

    8.4.2 File 类的主要方法 ··· 135

8.5 字节流 ··· 137

    8.5.1 InputStream 和 OutputStream ··· 138

8.5.2 FileInputStream 和 FileOutputStream 139
8.5.3 过滤流 140
8.5.4 数据输入/输出流 142
8.5.5 PrintStream 类 144
8.5.6 标准输入输出流 145
8.6 字符流 145
8.6.1 Reader 类和 Writer 类 145
8.6.2 FileReader 类和 FileWriter 类 147
8.6.3 BufferedReader 类和 BufferedWriter 类 147
8.7 读写文本文件 148
8.7.1 读文本文件 149
8.7.2 写文本文件 150
8.8 读写随机文件 151
8.9 对象序列化 153
8.9.1 对象序列化 153
8.9.2 ObjectOutputStream 类和 ObjectInputStream 类 154

第 9 章 图形界面开发 159

9.1 JavaFX 介绍 159
9.1.1 JavaFX GUI 编程简史 159
9.1.2 JavaFX 架构图 159
9.2 JavaFX 程序的基本结构 160
9.2.1 舞台和场景 160
9.2.2 场景图和节点 160
9.2.3 Application 类生命周期方案 161
9.2.4 JavaFX 程序启动 161
9.3 布局面板 162
9.3.1 HBox 面板 162
9.3.2 VBox 面板 163
9.3.3 BorderPane 面板 164
9.3.4 FlowPane 面板 165
9.3.5 GridPane 面板 167

9.3.6 StackPane 面板 ······ 168

9.4 JavaFX 形状 ······ 170

9.4.1 Line 类 ······ 170
9.4.2 Rectangle 类 ······ 171
9.4.3 Ellipse 类 ······ 172
9.4.4 Polygon 类 ······ 173
9.4.5 Text 类 ······ 174

9.5 事件处理 ······ 175

9.5.1 事件 ······ 175
9.5.2 事件类型 ······ 175
9.5.3 事件分发流程 ······ 176
9.5.4 事件处理 ······ 177

9.6 常用组件 ······ 177

9.6.1 单选按钮组件 ······ 177
9.6.2 复选框组件 ······ 179
9.6.3 文本区域 ······ 180
9.6.4 滑动条 ······ 181

第 10 章 数据库编程 ······ 184

10.1 JDBC 概述 ······ 184

10.1.1 JDBC ······ 184
10.1.2 JDBC 驱动程序 ······ 185
10.1.3 JDBC 的结构 ······ 187

10.2 JDBC 访问数据库 ······ 188

10.2.1 JDBC 连接数据库 ······ 188
10.2.2 操作数据库 ······ 189

10.3 Statement ······ 191
10.4 PreparedStatement ······ 192
10.5 ResultSet ······ 194
10.6 结果集元数据 ······ 195
10.7 用结果集更新数据库表 ······ 197

第11章　多线程 ································· 201

11.1　程序、进程与线程 ···························· 201
11.2　创建线程的方法 ······························ 202
11.3　线程的生命周期 ······························ 205
11.4　常用线程操作方法 ···························· 206
11.5　线程同步 ···································· 208
11.6　线程通信 ···································· 211

参考文献 ··· 219

附录 ··· 220

第 1 章　Java 开发环境和语言基础

学习目标

- 了解程序以及 Java 的发展历史
- 了解 Java 的运行机制
- 掌握 JRE 的概念和安装
- 掌握 Java 应用程序编写的基本方法
- 了解使用 Eclipse 工具开发 Java 程序的基本流程
- 了解 Java 程序中的注释以及编码规范

1.1　Java 简介

1.1.1　Java 的历史

　　Java 语言的历史可以追溯到 1991 年。当时,Sun 公司(Sun Microsystems)成立了一个称为 Green 的项目组,致力于数字家电之间的通信和协作。James Gosling(Java 之父)是该项目组的负责人。面对 Green 计划,Gosling 需要开发一种全新的语言,该语言必须简洁、稳健。更重要的是,该语言可以屏蔽硬件设备之间的差别,从而使代码具备更好的可移植性,毕竟相比于 PC(个人计算机)平台而言,数字家电设备具有更高的平台差异性。于是,Java 语言应运而生,不过它最初的名字并不是 Java,而是 Oak(橡树)。

　　Java 语言真正被世人了解是从 1995 年开始的。互联网技术的高速发展对 Java 语言的发展起到了巨大的推动作用。Java 语言迅速成为使用广泛的编程语言。从这个时候起,Java 语言所涉及的领域已经远远超越了当初设计它的目标,由单纯的语言成长为通用的平台技术标准。

　　Java 是开放的技术。Sun 公司于 1998 年成立了 JCP(Java Community Process)。JCP 是一个开放的国际组织,用来维护和发展 Java 技术规范。JCP 成员可以提交 Java 规范请求(Java Specification Requests, JSR),通过特定的程序,经 JCP 执行委员会(Executive Committee)批准后,该 JSR 可以被正式纳入下一个版本的 Java 规范中。

　　JCP 分为两个执行委员会:一个负责 Java SE 和 Java EE 方面(SE/EE EC),另一个负责 Java ME 方面(ME EC)。每个执行委员会投票成员的服务期限为 3 年;其中有 10 个批准席位、5 个开放席位,还有 1 个固定席位,该席位以前归 Sun 公司所有,现在归 Oracle 所有。

　　在 Java 开放社区的努力和服务器及软件提供商的支持下,Java 技术走过了蓬勃发展的二十多年,Java 语言是在基础性的 C 语言之外拥有程序员最多、使用最广泛的语言。图 1.1 所示为 Tiobe 开发语言排行榜(2019 年年初更新数据)。Tiobe 开发语言排行榜(http:www.Tiobe.com)每月更新一次,依据的指数由世界范围内的资深软件工程师和第三方供应商提

1

供,其结果作为当前业内程序开发语言的流行使用程度的有效指标。

2019年1月	2018年1月	同期比	编程语言	市场份额	同期比
1	1		Java	16.904%	+2.69%
2	2		C	13.337%	+2.30%
3	4	↑	Python	8.294%	+3.62%
4	3	↓	C++	8.158%	+2.55%
5	7	↑	Visual Basic.NET	6.459%	+3.20%
6	6		JavaScript	3.302%	−0.16%
7	5	↓	C#	3.284%	−0.47%
8	9	↑	PHP	2.680%	+0.15%
9	—	↑	SQL	2.277%	+2.28%

图1.1　Tiobe开发语言排行榜

1.1.2　4G时代对Java的影响

4G(第四代移动通信技术)时代的来临,意味着手机将享受更高速的数据传输服务,可以更好地实现在全球范围内的无线漫游,并在处理图像、音乐、视频流等多体数据能力方面有着显著的提升,可以更好地支持包括在线浏览、电子邮件、即时通信、全球定位、电话会议、电子商务等多种信息服务。

4G移动互联网时代为商业应用开创了一个新的时代:这是继PC时代、互联网时代之后的又一个IT从业人员的"黄金时代"。在互联网时代,Java语言已经是使用广泛的服务器端语言,随着4G时代的到来,平台化发展趋势能够为移动社交应用提供多样化的盈利模式和变现途径,打破传统的仅仅来自广告收入和增值服务的两种渠道收入。Java语言并不会"过时",相反Java语言会在新的业务领域有着更辉煌的发展前景。

2007年,Google推出了开放的智能移动操作系统——Android(安卓)。在Google及摩托罗拉、HTC、三星、索爱、LG等主流手机厂商的鼎力推动下,Android迅速成长为主流的移动智能平台。Android通过内置虚拟机技术支持Java并提供了完善的基于Java的应用层开发框架。从此,Java语言日趋成为时代的主流开发语言。

1.1.3　Java平台

1999年,Sun公司发布了基于Java的3个平台技术标准:J2SE、J2EE和J2ME(2005年之后它们分别被更名为Java SE、Java EE和Java ME),Java从此迎来了属于自己的时代。

Java SE(Java Platform,Standard Edition),称为"Java平台标准版",是Java平台的基础。Java SE包含了运行Java应用所需要的基础环境和核心类库。除此之外,Java SE还定义了基于桌面应用的基础类库,通过使用这些类库,可以编写出类似于Office那样丰富多彩的桌面应用。

Java EE (Java Platform, Enterprise Edition),称为"Java平台企业版"。Java EE构建在Java SE基础之上,用于构建企业级应用。所谓企业级应用是指那些为商业组织、大型企业而创建的应用系统,如电信的"计费系统"、银行的"网银系统"、企业中的"客户关系管理系统"等。

这些系统与个人使用的单机桌面系统不同，它们部署、运行在结构复杂的服务器环境中；往往需要处理海量的数据；需要遵守通用的数据传输协议和数据表示；要维护复杂而多变的业务逻辑；需要应对巨大的用户访问量、必须具备可靠的安全性和稳健性。Java EE为解决企业应用中的各种问题提供了众多组件标准和服务规范，如Servlet/JSP和EJB。

Java ME(Java Platform,Micro Edition)，称为"Java平台微型版"。Java ME是为机顶盒、移动电话和Pad等嵌入式消费电子设备提供的Java解决方案。也许只有Java ME才符合Java语言创建时的初衷。

1.1.4 Java的特点

Java的特点一般描述为：简单、面向对象、跨平台、安全以及多线程。

1. 简单

设计Java的初衷是构建一个无须深奥的专业训练就可以进行编程的系统，当然也要符合一定的编程标准惯例，所以Java在设计上尽可能地接近当时的C++，但同时又剔除了C++中很少使用、难以理解和易混的一些特性(如头文件、指针、操作符等语法与操作)，Java语法更像C++语法的一个"纯净"版本。

2. 面向对象

面向对象设计是一种程序设计技术。它将重点放在对象(即数据)和对象接口上。例如，一个"面向对象"的木匠始终关注的是椅子，其次是使用的工具，而一个"非面向对象"的木匠首先会考虑使用什么工具。本质上，Java面向对象的能力与C++是一样的。Java与C++的主要不同点在于多继承，Java中取而代之的是较简单的接口概念。相对于传统的面向过程语言(C、Basic和Pascal等)，面向对象程序设计语言(C++、Java和C#等)在实现大型复杂项目时更加有效。

面向对象的基本思想是从现实世界中客观存在的事物(即对象)出发来构建软件系统，并在系统中尽可能地应用人类的自然思维方式，强调以事物为中心来思考问题和认识问题，并根据这些事物的本质特点，把它们抽象地表示为系统中的类，作为系统中的基本构成单元，使客观世界的事物在计算机系统中保持相互关联的本来面貌。

抽象、继承、封装、多态是面向对象方法的4个基本特征。

(1) 抽象：是将现实世界中的事物描述为系统中类、对象及方法的过程，在这个过程中去除了不相关数据和信息，保留的数据用来实现系统特定功能。

(2) 继承：是面向对象实现软件复用的重要手段，利用继承，人们可以基于已存在的类构建一个新类，子类继承已存在的类就是复用父类的方法和属性。除此之外，子类还可以添加一些新的方法和属性来满足新的需求。

(3) 封装：是将对象的实现细节隐藏起来(用户无须知道这些细节)，只提供一些公共的方法将对象的功能展现出来。

(4) 多态：多态使Java更有生命和鲜活起来。多态指子类对象可以直接赋值给父类变量，但在运行时依然表现出子类的特征。Java引用变量有两种类型，分别是编译时类型和运行时类型，编译时类型由声明类型决定，运行时类型由赋值对象的类型决定。如果编译时类型和运行时类型不一致，就会出现所谓多态。

3. 跨平台

Java通过Java虚拟机(JVM)实现了跨平台技术，Java源代码(*.java)经过Java的编译器编译成Java字节码(*.class),执行Java字节码,Java字节码经过JVM解释为具体平台的具体指令并执行。不同平台有不同的JVM,主流平台都提供了JVM(如Windows、UNIX、主流手机操作系统)。所以Java字节码可以在所有平台上解释执行。在这个意义上Java是跨平台的。也就是说,Java的字节码是跨平台的。

Java是跨平台的,JVM不是跨平台的(需要强调的是,没有JVM,Java是不能运行的)。

Java的设计初衷是"一处编译,四处运行",通过在JVM中运行编译好的.class文件屏蔽操作系统之间的差异,从而实现跨平台。但现实是因为一些系统间的差异,Java没有实现完全的跨平台(比如,当Windows系统开发的程序移植到Linux上时会有一些小Bug),所以有人戏称Java的跨平台是"一次编译,到处调试"。

4. 安全

Java不支持指针,避免了指针操作错误及欺骗访问;严格的编译和字节码装载于检验机制。现在发现Bug的技术越来越强,从一开始Java就设计成能够防范各种袭击,其中包括:

① 运行时堆栈溢出(蠕虫等病毒常用的袭击手段);

② 在自己处理空间之外破坏内存;

③ 未经授权读写文件;

④ 许多安全特性也不断加入Java中。

5. 多线程

相比较其他语言编写多线程应用,Java多线程处理更具魅力的是它的便捷性和简单性。所有软件都具有多线程(比如,打开QQ软件可以同时与许多人一起聊天,而且互不影响,这也称为并发)。

1.2 搭建Java开发环境

1.2.1 JDK简介及安装

1. JDK简介

JDK是Java语言的软件开发工具包,主要用于移动设备、嵌入式设备上的Java应用程序。目前的最新版本是Java SE 12.0(12.0.1),其结构如图1.2所示。

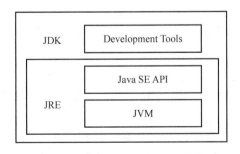

图1.2 JDK的结构

(1) JDK(Java Development Kit),是Java开发工具包。

(2) JRE(Java Runtime Environment),是Java运行时环境。

(3) JVM(Java Virtual Machine),是Java虚拟机。

Java SE API,就是 Java 系统核心类库(包括网络、I/O、GUI 等)。在整个 JDK 中,JVM 是不跨平台的,其余都是跨平台的(即所有.class 文件是跨平台的)。如果仅运行 Java 程序,则只需要在用户系统上安装 JRE 即可;如果还要开发,则需要完整安装 JDK。

2. 下载并安装 JDK

在浏览器中打开如图 1.3 所示的 JDK 下载页面。

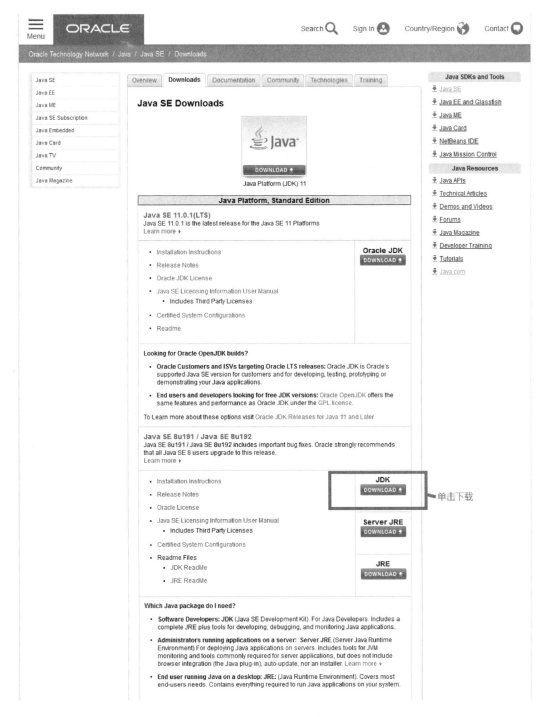

图 1.3　JDK 下载页面

选择相应的 JDK 版本单击下载链接,进入图 1.4 所示下载列表页面。

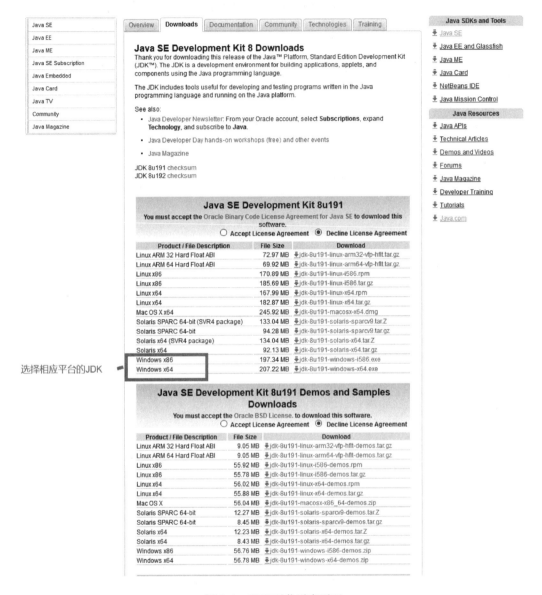

图 1.4 JDK 下载列表页面

选择相应操作系统平台的下载链接,开始下载程序。下载完成后,运行该安装程序,执行安装操作。

1.2.2 下载 JDK API 文档

JDK 提供了丰富的应用编程接口(API),这套 API 实际上是一套 Java 类的集合,提供了编程时常用的很多功能。我们可以在程序中直接使用这些类。为了更方便地了解这些类的用法,可以参看 JDK 提供的 API 文档,JDK API 开发文档下载地址为:https://docs.oracle.com/javase/8/docs/api/。在这一链接中,能看到 JDK API 的开发文档页面,如图 1.5 所示。

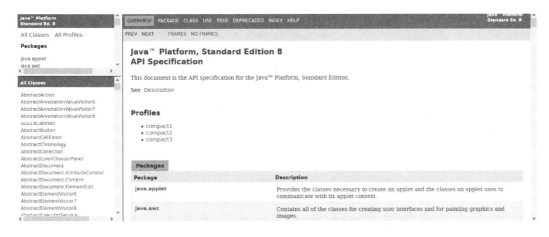

图 1.5　JDK API 的开发文档页面

1.2.3　配置环境变量

（1）在 JDK 安装成功以后，需要在安装的平台上配置环境变量。这里以 Windows 64 位操作系统为例，如果在安装 JDK 时没有指定安装目录，则默认的安装目录在 C:\ProgramFiles(x86)\Java 中，该目录下有两个目录，如图 1.6 所示。

图 1.6　JDK 的安装目录

（2）进入 jdk 1.8.0_10 中 bin 的子目录，即 C:\Program Files (x86)\Java\jdk 1.8.0_10\bin，将上面的路径复制，然后在桌面上找到计算机的图标，右击，在弹出的快捷菜单中选择"属性"命令，并在打开的窗口中单击"高级系统设置"，如图 1.7 所示。

图 1.7　配置 JDK 环境变量

（3）在弹出的对话框中选择"高级"选项卡，并且单击"环境变量"按钮，如图 1.8 所示。
（4）在弹出的对话框中选择 Path 并单击"编辑"按钮，如图 1.9 所示。

图 1.8 配置 JDK 环境变量

图 1.9 配置 JDK 环境变量

（5）单击右侧的"新建"按钮，出现输入框后，把之前复制的 JDK 安装目录粘贴到输入框中，如图 1.10 所示。单击"确定"按钮。

（6）配置完成以后打开 DOC 窗口，输入 java 命令，测试配置是否成功，如果显示如图 1.11 所示，则配置成功。

图 1.10 设置安装目录

图 1.11 配置 JDK 环境变量成功

1.2.4 下载 Eclipse 开发环境

1. Eclipse 简介

目前使用的开发工具为 Eclipse。它是由 IBM 提供的开源软件，目前由 eclipse.org 基金会维护和开发,是主流的 Java 开发平台。除了能开发 Java 程序外,Eclipse 还可以开发 PHP、Ruby、Android 程序,目前大部分企业均使用 Eclipse 进行开发。

Sun 公司对这个软件很有意见,因为 IBM 为这个开发工具取名为 Eclipse,寓意有很强的针对性。2009 年 4 月 20 日,Oracle 宣布以 74 亿美元收购 Sun 公司,而且这是发生在 IBM 和 Sun 之间的收购谈判破裂之后的一个月内。

2. Eclipse 下载

Eclipse 是一个开源的集成开发环境,是 Java 开发的主流开发环境,可以从以下网址下载:https://www.eclipse.org/downloads/。具体下载页面如图 1.12 和图 1.13 所示。

图 1.12　Eclipse 下载页面(一)

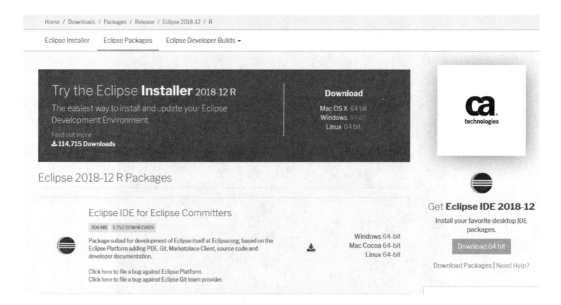

图 1.13　Eclipse 下载页面(二)

Eclipse 是基于 Java 语言编写的免安装的应用程序,将 Eclipse 下载后直接解压在某个位置,双击 Eclipse 文件即可打开 Eclipse 开发环境。第一次运行 Eclipse 时,系统需要用户指定工作空间路径(Workspace),如图 1.14 所示。该路径是在 Eclipse 中编写的所有工程的代码存放的默认路径。

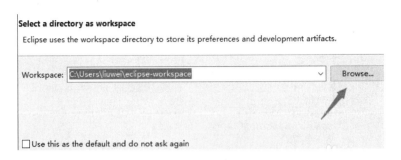

图 1.14　指定工作空间路径

至此,我们已经将 Java 开发所需要的基本环境搭建完成,接下来就可以开始编写 Java 程序了。

1.3　编写第一个 Java 程序

1.3.1　新建工程

运行 Eclipse,进入主界面,关闭欢迎页面,显示如图 1.15 所示的主界面。在主界面中默认显示若干个子窗口,可以通过选择"窗口"→"显示视图"菜单命令来打开各子窗口。为以后调试方便,可以打开"控制台"窗口。

图 1.15　Eclipse 运行主界面

选择"文件"→"新建"→"项目"菜单命令,在弹出的对话框中选择"Java 项目",单击"下一步"按钮,如图 1.16 所示。

图 1.16 新建项目

在新建工程的对话框中输入工程名称,并单击"完成"按钮,如图 1.17 所示。新建工程完成之后,可以在界面左边的"包资源管理器"窗口中看到该工程的图标,如图 1.18 所示。

图 1.17 输入工程名称

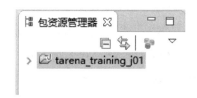

图 1.18 "包资源管理器"窗口

1.3.2　新建包和类

新建工程完成后,在主界面左侧的"包资源管理"窗口选中刚才创建的工程,单击鼠标右键,选择"新建"→"包"命令,在新建包的窗口中填写包名,并单击"完成"按钮,如图1.19所示。

图 1.19　新建 Java 包

新建包完成后,在"包资源管理器"窗口选中刚才创建的包,右击,在弹出的快捷菜单中选择"新建"→"类"命令,在打开的"新建类"窗口中输入类名称,单击"完成"按钮完成类的创建,如图 1.20 所示。

图 1.20　新建 Java 类

1.3.3 定义 main 方法

在"包资源管理器"窗口中双击类的图标，在程序代码窗口打开该类的源代码，编写如下代码：

```java
package tarena_training_j01;
/*
 * 这里定义的类是Java程序的基本组成部分，一个Java应用程序是由若干个类组成的
 */
publicclass MyFirstJavaProgram {
    /*
     * 主方法，一个应用程序必须要有一个主方法，也只能有一个主方法
     * 当运行该程序时，Java虚拟机会执行该应用程序的主方法
     */
    publicstaticvoid main(String[] args){
        //定义一个字符串类型的变量，名为name，并为它赋值
        String name = "tony tang";
        //定义一个整型类型的变量
        int age = 30；
        //在控制台打印name的值
        System.out.println("your name is：" + name);
        //在控制台打印输出age的值
        System.out.println("your age is：" + age);
    }
}
```

在代码窗口单击鼠标右键，在弹出的快捷菜单中选择"运行为"→"Java项目"命令。
在控制面板窗口查看程序运行的输出结果，如图1.21所示。

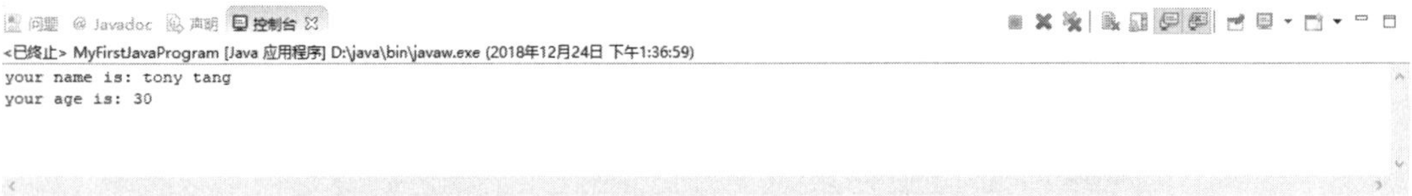

图1.21 第一个Java程序的输出结果

1.3.4 错误和异常的调试

1. 编译时错误的排查及处理

修改以上程序，将第12行的"String"改为"string"，保存程序，在代码上会显示红色波浪线，在行号前会显示红色标记，如图1.22所示。这是编译错误的提示。

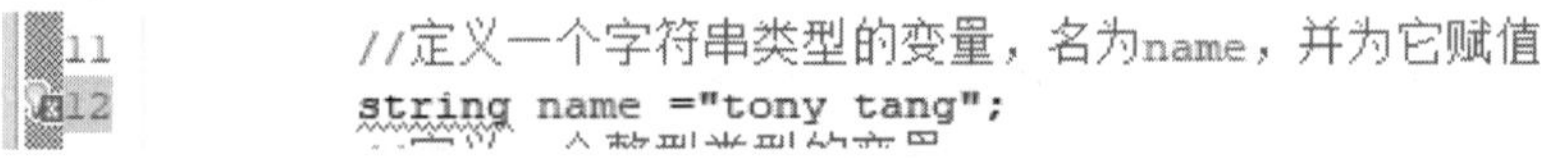

图1.22 编译错误的提示

将鼠标移到红色波浪线或红色标记上，Eclipse 会弹出错误消息的小窗口，如图 1.23 所示。根据该错误消息，可以推断出错误原因并排查错误。

图 1.23　编译错误的消息

2. 运行时异常的调试

若编译时没有错误提示，程序还可能在运行时出现异常情况。我们将代码中的第 14 行改为"int age＝30/0;"然后运行程序，这时控制面板会显示运行时异常的信息，如图 1.24 所示。

图 1.24　运行时异常的信息

在该异常信息的第一行显示了异常的类型和异常的消息，后面有若干行显示了异常的代码位置。可以根据这些信息来调试代码。常见的运行时异常如表 1.1 所示。

表 1.1　常见的运行时异常

异常类型	异常描述
NullPointerException	空指针异常
ArithmeticException	算术异常
ClassCastException	类型转化异常
ArayIndexOutOfBoundsException	数组下标越界异常

第 2 章　Java 基础

学习目标

- 了解注释、标识符与保留字
- 掌握 Java 基本的数据类型
- 熟练掌握常量和变量的声明
- 掌握表达式和各类运算符的使用方法
- 理解显式和隐式的数据类型转换
- 熟练掌握键盘输入和格式化输出的方法

程序的本质是对数据进行加工运算,以便得到需要的结果。对数据进行加工运算需要用到标识符、类型、变量、常量、运算符和表达式等 Java 基本的语言要素,同时也需要掌握数据输入和结果输出的方法。本章主要学习 Java 基本的语法基础,包括注释、标识符与保留字的使用,各种数据类型以及常量、变量声明的方法,表达式和运算符的使用,数据类型转换以及基本的数据输入输出方法。

2.1　注释、标识符与关键字

2.1.1　注释

注释是程序员为了提高程序的可读性、降低维护代价做的标记或说明,编译器会忽略注释中的内容,注释中的内容不会对程序的运行产生任何影响。Java 语言允许以下三种风格的注释。

(1) //单行注释

以"//"开始,以回车符结束,主要用于对属性、变量以及算法重要转折时的提示。

(2) /* 多行注释 */

以"/*"开始,以"*/"结束,中间可写多行,多用于对类、方法及算法的详细说明。一般在对类的注释中要有以下内容:类的简要说明、创建者及修改者、创建日期或最后修改日期。

(3) /** Java 文档注释 */

这种注释可以用来自动地生成文档。在 JDK 中有个 javadoc 的工具,可以由源文件生成一个 HTML 文档。使用这种方式注释源文件的内容,可以随着源文件的保存而保存起来。

2.1.2　标识符

程序员为程序中的各个元素命名时使用的命名记号称为标识符(identifier)。Java 语言中,标识符是以字母、下画线(_)、美元符号($)开始的一个字符序列,后面可以跟字母、下画线、美元符号、数字。例如,identifier,userName,User_Name,_sys_val,$change 为合法的标识符,而 2mail room#,class 为非法的标识符。

标识符在命名时要遵循以下约定:

(1) 标识符不能以数字开头,可以使用中文做标识符,但不推荐这样做;

(2) 严格区分大小写,标识符中的大小写字母被认为是两个不同的字符;

(3) 标识符未规定最大长度,但实际中标识符命名不会过长,10 个字符以内合适,并且标识符的命名尽可能有意义。

2.1.3 关键字

关键字是 Java 语言自身使用的有特别意义的标识符,也称作保留字。Java 的关键字对 Java 的编译器有特殊的意义,用来表示一种数据类型,或者表示程序的结构等,所以关键字不能用作变量名、方法名、类名、包名和参数。

关键字用英文小写字母表示,表 2.1 列出了在 Java 编程语言中常见的关键字。

表 2.1 Java 关键字

abstract	do	this	private	throw	boolean
double	protected	try	break	else	instanceof
public	transient	byte	extends	int	return
true	case	false	interface	short	char
catch	final	long	static	void	float
finally	native	super	volatile	class	implements
new	switch	while	continue	for	synchronized
null	default	if	package	throws	

关键字对 Java 技术编译器有特殊的含义,它们可标识数据类型名或程序构造名。

2.2 基本数据类型与变量

2.2.1 基本数据类型

数据类型在计算机语言里面,是对内存位置的一个抽象表达方式,可以理解为针对内存的一种抽象的表达方式。类型限制了一个变量能够拥有的值,同时也限制了各种操作对这些值的支持程度以及操作的含义。Java 编程语言定义了 8 种基本的数据类型(如表 2.2 所示),利用这些基本数据类型可以构造出复杂的数据类型,以满足程序的各种需求。

表 2.2 Java 基本数据类型

数据类型	保留字	位数	默认值	取值范围
逻辑类型	boolean	1 bit	false	true 或 false
文本类型	char	16 bit	'\u0000'	'\u0000'～'\uFFFF'

续表

数据类型	保留字	位数	默认值	取值范围
整数类型	byte	8 bit	0	$-128 \sim 127$（即 $-2^7 \sim 2^7-1$）
	short	16 bit	0	$-32\,768 \sim 32\,767$（即 $-2^{15} \sim 2^{15}-1$）
	int	32 bit	0	$-2\,147\,483\,648 \sim 2\,147\,483\,647$（即 $-2^{31} \sim 2^{31}-1$）
	long	64 bit	0	$-9\,223\,372\,036\,854\,775\,808 \sim 9\,223\,372\,036\,854\,775\,807$（即 $-2^{63} \sim 2^{63}-1$）
浮点类型	float	32 bit	0.0	$-3.4 \times 10^{38} \sim 3.4 \times 10^{38}$
	double	64 bit	0.0	$-1.7 \times 10^{308} \sim 1.7 \times 10^{308}$

注：整数类型默认的是 int，浮点类型默认的是 double。

2.2.2 常量

常量可以理解为是一种特殊的变量，它的值被设定后，在程序运行过程中不允许改变。程序中使用常量可以提高代码的可维护性。例如，在项目开发时，我们需要指定用户的性别，此时可以定义一个常量 SEX，赋值为"男"，在需要指定用户性别的地方直接调用此常量即可，避免了由于用户的不规范赋值导致程序出错的情况。常量名一般使用大写字符。

声明常量的格式为：

```
final 类型 常量名[,常量名] = 值;
```

根据所存储的数据类型不同，常量可分为布尔型、整数型、浮点型、字符型、字符串型等。

(1) 布尔型常量

布尔型常量只有两个值：true 和 false，true 表示真，false 表示假，书写时不能加引号。

(2) 整数型常量

整数型常量可以采用十进制、八进制、十六进制表示。十进制常量没有什么特殊标志，八进制常量以数字 0 开头，十六进制常量以 0X（或 0x）开头后跟数字。例如，下面的三个数分别是用十进制、八进制和十六进制表示的 13：

13   015   0XD

(3) 浮点型常量

浮点型常量分为单精度型(float)和双精度型(double)。一个浮点数后面加上 f(或 F)后缀，就是单精度浮点数，加上 d(或 D)就是双精度浮点数，不加后缀默认为双精度浮点数。浮点型常量可以用十进制形式表示，也可以用科学计数法表示。例如，下面的数字：

78   78D   78.   7.8E1   7.8E1D   0.78E2

均表示双精度浮点常量 78。

(4) 字符型常量

字符型常量为一对用单引号括起来的单个字符，如 'A' 'b' 'c' '!' '7' '爱' 等都是字符型常量。Unicode 字符集可以表示 65 536 个字符型常量。

一些控制字符不能通过键盘输入，可以用转义字符表示，如表 2.3 所示。

字符型常量也可以用字符编码直接表示，如字母 A 可表示为 '101'（八进制形式）或 '\u0041'（十六进制形式）。

表 2.3 转义字符表

转义字符	功能
\b	退格,将光标移到前一个字符的位置
\n	换行,将光标移到下一行的开始位置
\t	将光标移到下一个制表符的位置
\r	回车,将光标移到当前行的开始,不是移到下一行
\\	输出一个反斜杠
\'	输出一个单引号
\"	输出一个双引号

(5) 字符串型常量

字符串型常量是用双引号(" ")括起来的 0 个或者多个字符组成的序列,存储时每个字符串末尾自动加一个'\0'作为字符串的结束标志。当字符串只包含一个字符时,不要和字符型常量混淆,如'B'是字符型常量,"B"则是字符串型常量。

2.2.3 变量

变量在内存中占据一块存储空间,它提供了一个临时存放数据的地方,具有记忆数据的功能。我们可以把一个数据放进变量,也可以从变量中取走一个数据。变量中的数据可以是编程者赋予的,也可以是程序运行过程中临时存储进去的运算结果。

(1) 变量的声明与赋值

变量必须先声明后使用,声明的同时可以进行初始化,也可以先声明后赋值。变量的声明、初始化的格式为:

变量类型 变量名[,变量名][= 初值];

其中,类型可以是基本数据类型,也可以是 JDK 包提供的类,还可以是自己编写的类,变量名必须是一个合法的标识符。

例 2.1 列举了多种类型的变量是如何进行声明及赋值的。

【例 2.1】 变量的声明及赋值。

```
public class TestAssign{
    public static void main(String[] args){
        int a,b;                    //声明两个 int 类型的变量
        float f = 5.4f;             //声明一个 float 类型的变量并赋值
        double d = 2.2d;            //声明一个 double 类型的变量并赋值
        boolean flag = false;       //声明一个 boolean 类型的变量并赋值
        char c;                     //声明一个 char 类型的变量
        String s;                   //声明一个 String 类型的变量
        String str = "good";        //声明一个 String 类型的变量并赋值

        c = 'a';                    //给 char 类型变量 c 赋值
        s = "Hello World";          //给 String 类型变量 s 赋值
        a = 1,b = 2;                //给 int 类型变量 a 和 b 赋值
    }
}
```

(2) 变量的类型

Java 语言支持的变量类型有:局部变量、成员变量、类变量,这里先介绍局部变量和成员变量。

在方法、构造方法或者语句块中声明的变量为局部变量,作用域从声明处开始到方法或语句块结束处。局部变量没有默认值,所以局部变量被声明后,必须经过初始化,才可以使用。在类中声明的变量为成员变量,通常在类开始处声明,作用域为整个类。成员变量在声明时可以不初始化,程序运行时,由系统自动进行初始化。

【例 2.2】 局部变量的作用域。

```java
public class Test{
    public void pupAge(){
        int age = 0;
        age = age + 7;
        System.out.println("Puppy age is : " + age);
    }

    public static void main(String args[]){
        Test test = new Test();
        test.pupAge();
    }
}
```

例 2.2 编译运行结果如下:

Puppy age is: 7

说明:在例 2.2 中 age 是一个局部变量,定义在 pubAge() 方法中,它的作用域就限制在这个方法中。

【例 2.3】 局部变量的初始化。

在下面的例子中 age 变量没有初始化,所以在编译时出错。

```java
public class Test{
    public void pupAge(){
        int age;
        age = age + 7;
        System.out.println("Puppy age is : " + age);
    }

    public static void main(String args[]){
        Test test = new Test();
        test.pupAge();
    }
}
```

例 2.3 编译运行结果如下:

```
Test.java:4:variable number might not have been initialized
age = age + 7;
1 error
```

2.3 表达式与运算符

表达式是由操作数(变量、常量和表达式等)和运算符按一定的语法形式组成的符号序列。一个常量或一个变量名字是最简单的表达式,其值即该常量或变量的值;表达式的值还可以用作其他运算的操作数,形成更复杂的表达式。表达式的构造要符合Java的语法,每个表达式都有一个某种类型的结果。

运算符代表特定的运算指令,指明对操作数要进行的运算。按照操作数的多少来分,可以有一元运算符(如++、——)、二元运算符(如+、>)和三元运算符(如?:),它们分别对应于一个、两个和三个操作数。按照运算符的功能来分,我们可以把运算符分成以下七种:赋值运算符、算术运算符、关系运算符、逻辑运算符、条件运算符、位运算符和其他运算符。

下面依次介绍按照功能划分的七种运算符的使用方法。

2.3.1 赋值运算符

赋值运算符是程序设计中经常用到的,用"="表示,作用是给变量赋值。表2.4是算术运算符的功能描述及举例。

表 2.4 算术运算符

运算符	描述	例子
=	简单的赋值运算符,将右操作数的值赋给左侧操作数	$C=A+B$,将把 $A+B$ 得到的值赋给 C
+=	加和赋值操作符,它把左操作数和右操作数相加赋值给左操作数	$C+=A$ 等价于 $C=C+A$
—=	减和赋值操作符,它把左操作数和右操作数相减赋值给左操作数	$C-=A$ 等价于 $C=C-A$
*=	乘和赋值操作符,它把左操作数和右操作数相乘赋值给左操作数	$C*=A$ 等价于 $C=C*A$
/=	除和赋值操作符,它把左操作数和右操作数相除赋值给左操作数	$C/=A$ 等价于 $C=C/A$
(%)=	取模和赋值操作符,它把左操作数和右操作数取模后赋值给左操作数	$C\%=A$ 等价于 $C=C\%A$
<<=	左移位赋值运算符	$C<<=2$ 等价于 $C=C<<2$
>>=	右移位赋值运算符	$C>>=2$ 等价于 $C=C>>2$
&=	按位与赋值运算符	$C\&=2$ 等价于 $C=C\&2$
^=	按位异或赋值操作符	$C^=2$ 等价于 $C=C^2$
|=	按位或赋值操作符	$C\|=2$ 等价于 $C=C\|2$

【例 2.4】 赋值运算符。

下面的简单示例程序演示了赋值运算符的使用。

```java
public class Test {
    public static void main(String args[]) {
        int a = 20;
        int b = 30;
        int c = 0;
        c = a + b;
        System.out.println("c = a + b  = " + c);
        c += a;
        System.out.println("c += a   = " + c);
        c -= a;
        System.out.println("c -= a   = " + c);
        c *= a;
        System.out.println("c *= a   = " + c);
        a = 15;
        c = 27;
        c /= a;
        System.out.println("c /= a   = " + c);
        a = 15;
        c = 27;
        c %= a;
        System.out.println("c %= a   = " + c);
        c <<= 2;
        System.out.println("c <<= 2   = " + c);
        c >>= 2;
        System.out.println("c >>= 2   = " + c);
        c >>= 2;
        System.out.println("c >>= a   = " + c);
        c &= a;
        System.out.println("c &= 2   = " + c);
        c ^= a;
        System.out.println("c ^= a   = " + c);
        c |= a;
        System.out.println("c |= a   = " + c);
    }
}
```

例 2.4 编译运行结果如下：

```
c = a + b  = 50
c += a   = 70
c -= a   = 50
```

```
c *= a      = 1000
c /= a      = 1
c %= a      = 12
c <<= 2     = 48
c >>= 2     = 12
c >>= a     = 3
c &= 2      = 3
c ^= a      = 12
c |= a      = 15
```

2.3.2 算术运算符

算术运算符用在数学表达式中的作用和在数学中的作用一样。表 2.5 列出了所有算术运算符的功能描述和举例。

表 2.5 中的实例假设整数型变量 A 的值为 20，变量 B 的值为 30。

表 2.5 算术运算符

运算符	描述	例子
＋	加法，运算符两侧的值相加	$A+B$ 等于 50
－	减法，左操作数减去右操作数	$A-B$ 等于 －10
＊	乘法，运算符两侧的值相乘	$A*B$ 等于 600
／	除法，左操作数除以右操作数	B/A 等于 1
％	取模，右操作数除左操作数的余数	$B\%A$ 等于 10
＋＋	自增，操作数的值增加 1	$B++$ 等于 31
－－	自减，操作数的值减少 1	$B--$ 等于 29

【例 2.5】 算术运算符。

下面的简单示例程序演示了算术运算符的使用。

```
public class Test {
    public static void main(String args[]) {
        int a = 20;
        int b = 30;
        int c = 27;
        int d = 22;
        System.out.println("a + b = " + (a + b));
        System.out.println("a - b = " + (a - b));
        System.out.println("a * b = " + (a * b));
        System.out.println("b / a = " + (b / a));
        System.out.println("b % a = " + (b % a));
        System.out.println("c % a = " + (c % a));
        System.out.println("a++   = " + (a++));
        System.out.println("a--   = " + (a--));
```

```
        //注意 d++ 与 ++d 的不同
        System.out.println("d++   = " +   (d++));
        System.out.println("++d   = " +   (++d));
    }
}
```

以上实例编译运行结果如下：

```
a + b = 50
a - b = -10
a * b = 600
b / a = 1
b % a = 10
c % a = 7
a++   = 20
a--   = 21
d++   = 22
++d   = 24
```

2.3.3 关系运算符

产生布尔型结果的运算符称为关系运算符，表 2.6 所示为 Java 支持的关系运算符的功能及举例。关系运算符用于两个操作数之间关系的比较，其结果常作为分支结构或循环结构中的控制条件。

表 2.6 中的实例整数型变量 A 的值为 20，变量 B 的值为 30。

表 2.6 关系运算符

运算符	描述	例子
==	检查两个操作数的值是否相等，如果相等，那么条件为真	$(A==B)$ 为假(非真)
!=	检查两个操作数的值是否相等，如果值不相等，那么条件为真	$(A!=B)$ 为真
>	检查左操作数的值是否大于右操作数的值，如果是，那么条件为真	$(A>B)$ 非真
<	检查左操作数的值是否小于右操作数的值，如果是，那么条件为真	$(A<B)$ 为真
>=	检查左操作数的值是否大于或等于右操作数的值，如果是，那么条件为真	$(A>=B)$ 为假
<=	检查左操作数的值是否小于或等于右操作数的值，如果是，那么条件为真	$(A<=B)$ 为真

【例 2.6】 关系运算符。

下面的简单示例程序演示关系运算符的使用。

```
public class Test {
    public static void main(String args[]) {
        int a = 20;
        int b = 30;
        System.out.println("a == b = " + (a == b));
        System.out.println("a != b = " + (a != b));
```

```
            System.out.println("a > b = " + (a > b));
            System.out.println("a < b = " + (a < b));
            System.out.println("b >= a = " + (b >= a));
            System.out.println("b <= a = " + (b <= a));
    }
}
```

以上实例编译运行结果如下:

a == b = false

a != b = true

a > b = false

a < b = true

b >= a = true

b <= a = false

2.3.4 逻辑运算符

逻辑运算符用来连接关系表达式,运算结果是布尔型。表 2.7 列出了逻辑运算符的基本运算,假设布尔型变量 A 为真,变量 B 为假。

表 2.7 逻辑运算符

运算符	描述	例子
&&	称为逻辑与运算符。当且仅当两个操作数都为真时,结果才为真。当左边操作数为假时,不再计算右边操作数的值,也称为短路逻辑与运算符	(A && B)为假
||	称为逻辑或操作符。如果两个操作数任何一个为真,那么结果为真。当左边操作数为真时,不再计算右边操作数的值,也称为短路逻辑或运算符	(A || B)为真
!	称为逻辑非运算符。用来反转操作数的逻辑状态	!(A && B)为真
&	称为布尔逻辑与运算符。当且仅当两个操作数都为真时,结果才为真。当左边操作数为假时,依然计算右边操作数的值	(A & B)为假
|	称为布尔逻辑或操作符。如果两个操作数任何一个为真,结果为真。当左边操作数为真时,依然计算右边操作数的值	(A | B)为真
^	称为逻辑异或运算符。当且仅当两个操作数相异时,结果才为真	(A ^ B)为真

【例 2.7】 逻辑运算符。

下面的简单示例程序演示逻辑运算符的使用。

```
public class Test {
    public static void main(String args[]) {
        int a = 15,b = 20,c = 20;
        boolean d;
        d = (a < b);
        System.out.println("(a > b) = " + d);
        d = !(a < b);
```

```
            System.out.println("!(a>b) = "+d);
            d = (a<b)^(b==c);
            System.out.println("(a<b)^(b==c) = "+d);
            d = (a<b)&&(b==c);
            System.out.println("(a<b)&&(b==c) = "+d);
            d = (a>b)&&((b++)==(c++));
                            //(a>b)的结果为假,&&是短路逻辑与,故不再计算右边表达式的值
            System.out.println("(a<b)&&((b++)==(c++)) = "+d);
            System.out.println("b = "+b+"  c = "+c);
            d = (a>b)&((b++)==(c++));
                            //(a>b)的结果为假,&不是短路逻辑与,故需计算右边表达式的值
            System.out.println("(a<b)&((b++)==(c++)) = "+d);
            System.out.println("b = "+b+"  c = "+c);
            d = (a<b)||((b++)==(c++));
                            //(a<b)的结果为真,||是短路逻辑或,故不再计算右边表达式的值
            System.out.println("(a<b)||((b++)==(c++)) = "+d);
            System.out.println("b = "+b+"  c = "+c);
            d = (a<b)|((b++)==(c++));
                            //(a<b)的结果为真,|不是短路逻辑或,故需计算右边表达式的值
            System.out.println("(a<b)|((b++)==(c++)) = "+d);
            System.out.println("b = "+b+"  c = "+c);
    }
}
```

以上实例编译运行结果如下：

```
(a>b) = true
!(a>b) = false
(a<b)^(b==c) = false
(a<b)&&(b==c) = true
(a<b)&&((b++)==(c++)) = false
b = 20  c = 20
(a<b)&((b++)==(c++)) = false
b = 21  c = 21
(a<b)||((b++)==(c++)) = true
b = 21  c = 21
(a<b)|((b++)==(c++)) = true
b = 22  c = 22
```

2.3.5　条件运算符

条件运算符由"?"和":"两个符号组成,该运算符有3个操作数,故又称三元运算符。其格式如下：

表达式 1? 表达式 2:表达式 3

其中,表达式 1 可以是逻辑表达式或关系表达式,表达式 2 和表达式 3 必须是同一类型的值。运行时,当表达式 1 的值为真时,得到表达式 2 的值,否则得到表达式 3 的值。该运算符主要是决定哪个值应该赋值给变量。

【例 2.8】 条件运算符。

下面的简单示例程序演示条件运算符的使用。

```
public class Test {
    public static void main(String args[]){
        int a , b;
        a = 10;
        b = (a == 1) ? 20: 30;
        System.out.println( "Value of b is : " +  b );
        b = (a == 10) ? 20: 30;
        System.out.println( "Value of b is : " + b );
    }
}
```

以上实例编译运行结果如下:

Value of b is : 30
Value of b is : 20

2.3.6 位运算符

位运算表示按每个二进制位进行计算,参与运算的操作数仅限于整数(char、short、int、long),所得的结果也是一个整数。

位运算符作用在所有的位上,并且按位运算。假设 $A=63,B=17$,它们的二进制格式表示如下:

$A=00111111$

$B=00010001$

则有:

$A\&B = 00010001$

$A|B = 00111111$

表 2.8 列出了位运算符的基本运算,假设整数型变量 A 的值为 63,变量 B 的值为 17。

表 2.8 位运算符

运算符	描述	例子
&	按位与操作符,当且仅当两个操作数的某一位都非 0 时,结果的该位才为 1	$(A\&B)$,得到 17,即 00010001
|	按位或操作符,只要两个操作数的某一位有一个非 0 时,结果的该位就为 1	$(A|B)$得到 63,即 00111111

续 表

运算符	描述	例子
^	按位异或操作符,两个操作数的某一位不相同时,结果的该位就为 1	(A ^ B)得到 46,即 00101110
~	按位补运算符翻转操作数的每一位	(~A)得到 −64,即 11000000
<<	按位左移运算符,左操作数按位左移右操作数指定的位数	B << 2 得到 68,即 01000100
>>	按位右移运算符,左操作数按位右移右操作数指定的位数	B >> 2 得到 4,即 00000100
>>>	按位右移补零操作符,左操作数的值按右操作数指定的位数右移,移动得到的空位以零填充	B >>> 2 得到 4,即 00000100

【例 2.9】 位运算符。

下面的简单示例程序演示位运算符的使用。

```java
public class Test {
    public static void main(String args[]) {
        int a = 63;    /* 63 = 0011 1111 */
        int b = 17;    /* 17 = 0001 0001 */
        int c = 0;
        c = a & b;     /* 17 = 0001 0001 */
        System.out.println("a & b = " + c);

        c = a | b;     /* 63 = 0011 1111 */
        System.out.println("a | b = " + c);

        c = a ^ b;     /* 46 = 0010 1110 */
        System.out.println("a ^ b = " + c);

        c = ~a;        /* -64 = 1100 0000 */
        System.out.println("~a = " + c);

        c = b << 2;    /* 68 = 0100 0100 */
        System.out.println("b << 2 = " + c);

        c = b >> 2;    /* 4 = 0000 0100 */
        System.out.println("b >> 2  = " + c);

        c = b >>> 2;   /* 4 = 0000 0100 */
        System.out.println("b >>> 2 = " + c);
    }
}
```

以上实例编译运行结果如下:

a & b = 17

a｜b = 63
a^b = 46
~a = -64
b << 2 = 68
b >> 2 = 4
b >>> 2 = 4

2.3.7 其他运算符

除了以上常见的运算符外，Java还有一些特殊的运算符，如表2.9所示。

表 2.9 其他运算符

运算符	描述
()	改变表达式先后运算顺序
(参数表)	定义一个用逗号分隔的参数列表
(类型)	强制类型转换
.	对象成员访问
[]	声明、创建数组以及访问数组元素
instanceof	用于测试一个对象是否为某个类的实例
new	对象实例化运算符
+	字符串合并运算符

2.3.8 运算符优先级

若多个运算符出现在一个表达式中，运算的次序如何确定呢？这涉及运算符的优先级的问题。在一个多运算符的表达式中，运算符优先级的不同会导致最后得出的结果差别甚大。

例如，(1+3)+(4+2)×2，这个表达式如果按加号最优先计算，答案就是20，如果按照乘号最优先，答案则是16。

表2.10按照运算符的优先级排列，具有最高优先级的运算符在表的最上面，最低优先级的在表的底部，并说明了结合性。同一级的运算符具有相同的优先级，相同优先级的运算符在一起时，根据结合性决定运算的次序。

表 2.10 运算符的优先级及结合性

类别	操作符	结合性
后缀	() [] .(点操作符)	从左到右
一元	++ -- ! ~	从右到左
乘性	* / %	从左到右
加性	+ -	从左到右
移位	>> >>> <<	从左到右
关系	>>= <<=	从左到右
相等	== !=	从左到右

续表

类别	操作符	结合性
按位与	&	从左到右
按位异或	^	从左到右
按位或	|	从左到右
逻辑与	&&	从左到右
逻辑或	||	从左到右
条件	?:	从右到左
赋值	= += -= *= /= %= >>= <<= &= ^= |=	从右到左
逗号	,	从左到右

由于()的优先级最高,所以当一时无法确定计算的执行次序时,可使用()明确计算顺序,提高程序的可读性。

2.4 简单数据类型转换

有时需要将不同类型的数据混合起来运算,或者将一种基本类型的数据赋给另一种类型的变量,这个时候就要用到数据类型转换。

Java 中不同的基本类型可以直接相互转化,转换方式有两种:自动类型转换和强制类型转换。

自动类型转换:从低精度向高精度转换,系统自动进行,不需要程序员干预。

强制类型转换:程序员必须使用类型转换符进行转换。强制转换运算可能导致精度的损失。

2.4.1 自动类型转换

自动类型转换,也称隐式类型转换,是指不需要书写代码,由系统自动完成的类型转换。由于实际开发中这样的类型转换很多,所以 Java 语言在设计时,没有为该操作设计语法,而是由系统自动完成。

转换规则为从存储范围小的类型到存储范围大的类型,如下所示:

byte→short(char)→int→long→float→double

也就是说,byte 类型的变量可以自动转换为 short 类型,也可以直接转换成 int 类型或存储范围更大的类型,例如:

```
byte b = 10;
int i = b;
long l = b;
float f = b;
double d = b;
```

具体应用时需注意以下几个问题。

(1) 在整数之间进行类型转换时,数值不发生改变,而将整数类型尤其是比较大的整数类型转换成小数类型时,由于存储方式不同,有可能存在数据精度的损失。

(2) 多种类型的数据混合运算时,系统首先自动地将所有数据转化为存储范围最大的那种数据类型,然后再进行计算。

(3) Java 中涉及 byte、short 和 char 类型的运算操作时首先会把这些值转换为 int 类型,然后对 int 类型值进行运算,最后得到 int 类型的结果。因此,如果把两个 byte 类型值相加,最后会得到一个 int 类型的结果。

【例 2.10】 自动类型转换。

下面的简单示例程序演示自动类型转换的使用。

```
public class Test{
    public static void main( String args[ ] ){
        byte b = 10;
        char c = 'a';
        int i = 100;
        long l = 666L;
        float f = 4.7f;
        double d = 3.1415;
        float f1 = f * b;           //b 转换成 float 型参与运算,结果为 float 型
        int i1 = c + i;             //c 转换成 int 型参与运算,结果为 int 型
        long l1 = l + i1;           //i1 转换成 long 型参与运算,结果为 long 型
        double d1 = f1/i1 - d;      //float / int ->float, float - double -> double
    }
}
```

2.4.2 强制类型转换

强制类型转换,也称显式类型转换,是指必须书写代码才能完成的类型转换。该类型转换很可能存在精度的损失,所以必须书写相应的代码,并且能够忍受这种损失时才进行该类型的转换。

转换规则为从存储范围大的类型到存储范围小的类型,如下所示:

double→float→long→int→short(char)→byte

语法格式为:

(转换到的类型)需要转换的值

例如:

double d = 3.1415;
int n = (int)d;

这里将 double 类型的变量 d 强制转换成 int 类型,然后赋值给变量 n。需要说明的是,小数强制转换为整数采用的是"去 1 法",也就是无条件的舍弃小数点后的所有数字,所以以上转换后的结果是 3。整数强制转换为存储范围更小的整数类型时取数字的低位,例如 int 类型的变量转换为 byte 类型时,则只取 int 类型的低 8 位(也就是最后一个字节)的值,所以强制类型

转换很可能导致溢出或精度下降。

例如：

```
int n = 123;
byte b = (byte)n;
int m = 1234;
byte b1 = (byte)m;
```

则 b 的值还是 123，而 b_1 的值为 -46。b_1 的计算方法如下：m 的值转换为二进制是 10011010010，取该数字低 8 位的值作为 b_1 的值，则 b_1 的二进制值是 11010010，按照机器数的规定，最高位是符号位，1 代表负数，在计算机中负数存储的是补码，则该负数的原码是 10101110，该值就是十进制的 -46。

【例 2.11】 强制类型转换。

下面的简单示例程序演示强制类型转换的使用。

```
/*强制转换测试*/
public class Test{
    public static void main(String[] args){
        int x;
        double y;
        x = (int)26.5 + (int)31.7;
        y = (double)x;
        System.out.println("x = " + x);
        System.out.println("y = " + y);
    }
}
```

以上实例编译运行结果如下：

```
x = 58
y = 58.0
```

由例 2.11 可以发现，强制类型转型引起了数据精度丢失。所以对于强制类型转换，必须清楚转换是否可行。

2.5 键盘输入

从控制台中读取数据是一个比较常用的功能，在 JDK 5.0 以前版本中的实现是比较复杂的，需要手工处理系统的输入流。从 JDK 5.0 版本开始，能从控制台中输入数据的方法每增加一个版本号，就有一种新增的方法。这也增加了选择的种类，可以依据不同的要求来进行选择。

本节介绍两种常用的从控制台通过键盘向程序输入数据的方法。

2.5.1 利用 Scanner 类实现键盘输入

文本扫描类 Scanner 是 JDK 5.0 新增加的类，它是一个可以使用正则表达式来解析基本类型和字符串的简单文本扫描器。Scanner 使用分隔符模式将其输入分解为标记,默认情况下该分隔符模式与空白匹配,然后使用不同的 next 方法将得到的标记转换为不同类型的值。Scanner 不仅可以从控制台中读取字符串,还可以读取除 char 之外的其他七种基本类型和两个大数字类型,并不需要显式地进行手工转换。Scanner 类中用于读取数据的成员方法如表 2.11 所示。

表 2.11 Scanner 类的方法

方法	描述
String nextLine()	读取输入的下一行内容
String next()	读取输入的下一个单词
int nextInt()	读取下一个表示整数的字符序列,并将其转换成 int 型
long nextLone()	读取下一个表示整数的字符序列,并将其转换成 long 型
float nextFloat()	读取下一个表示整数的字符序列,并将其转换成 float 型
double nextDouble()	读取下一个表示浮点数的字符序列,并将其转换成 double 型
boolean hasNext()	检测是否还有输入内容
boolean hasNextInt() boolean hasNextLong()	检测是否还有表示整数的字符序列
boolean hasNextFloat() boolean hasNextDouble()	检测是否还有表示浮点数的字符序列

【例 2.12】 从键盘输入一个不大于 12 的整数,计算其阶乘并输出结果。

```java
import java.util.Scanner;
public class scanerfact {
    public static void main(String args[])  {
        int n;
        Scanner in = new Scanner(System.in);
                            //创建 Scanner 类的一个对象 in,扫描数据默认来自键盘输入
        System.out.print("请输入一个不大于 12 的整数:");
        n = in.nextInt();    //从键盘输入一个整数并赋值给 n
        if(n > 12)    {
            System.out.println("输入的整数超出范围!");
            System.exit(0);
        }
        System.out.println("数" + n + "的阶乘是" + fact(n));
        In.close();    //关闭输入
    }
    static long fact(int n)   {
        long t = 1;
        for(int i = 1;i <= n;i++)
            t = t * i;
        return t;
    }
}
```

2.5.2 利用 Console 类实现键盘输入

从 JDK 6.0 开始,基本类库中增加了 java.io.Console 类,用于获得与当前 Java 虚拟机关联的基于字符的控制台设备,在纯字符的控制台界面下,可以更加方便地读取数据。

【例 2.13】 利用 Console 类实现控制加键盘输入。

```java
import java.io.Console;
import java.util.Scanner;
public class ConsoleTest {
    public static void main(String[] args) {
        Console cons = System.console();
        String str = cons.readLine("请输入字符串:");
        if (cons == null) {
                throw new IllegalStateException("不能使用控制");
        }
    }
}
```

在例 2.12 中,输入数据前的提示信息需要使用 System.out.println();来输出,而在使用 Console 类的例 2.13 中,可以在 readLine 方法参数中直接放入提示信息,所以在格式化输入方面,Console 类要比 Scanner 类更灵活一些。

但是,Console 类也有一些缺点,虚拟机是否具有控制台取决于底层平台,还取决于调用虚拟机的方式。如果虚拟机从一个交互式命令行开始启动,且没有重定向标准输入和输出流,那么其控制台将存在,并且通常连接到键盘并从虚拟机启动的地方显示。如果虚拟机是自动启动的(例如,由后台作业调度程序启动),那么它通常没有控制台。

由上可知,在使用 IDE 的情况下,是无法获取到 Console 实例的,原因在于在 IDE 的环境下,重新定向了标准输入和输出流,也就是将系统控制台上的输入输出重定向到了 IDE 的控制台中。因此,在 IDE 中不能运行例 2.13,而 Scanner 类就没有这种限制。

2.6 字符输出

输出信息是一个程序最基本的功能,Java.lang.System 类提供了标准的输出流 System.out 用于程序的输出,可用来在屏幕或用户指定的输出设备上显示信息,其中常用的方法有以下两种。

System.out.print(data):输出 data 到指定的设备,不换行。

System.out.println(data):输出 data 到指定的设备并换行。

print()和 println()可以输出多种不同类型的数据(如 boolean、double、float、int、long 类型的变量以及 Object 类的对象),两者的主要区别是 print 输出结束后,不添加换行符,下次调用 print 输出数据时,依然是接上次的位置输出;println 输出结束后,添加换行符,下次调用 print 或 println 会另起一行输出。

另外,还有一种 System.out.printf(data)的方法,该方法主要延续了 C 语言的输出方式,通过格式化文本和参数列表进行输出。

2.6.1 print 方法

System.out.print();是最常用的输出语句,它会把括号里的内容转换成字符串输出到输出窗口(控制台),输出后不换行。当输出的是一个基本数据类型时,会自动转换成字符串;当输出的是一个对象时,会自动调用对象的 toString();方法,将返回值输出到控制台。

【例 2.14】 利用 print 方法实现字符输出。

```java
public class PrintTest {
  public static void main(String[] args) {
    Int intData = 23;
    System.out.print("整型数据:" + intData);          //输出整型数据

    double doubleData = 23.12;
    System.out.print("浮点型数据:" + doubleData);     //输出浮点型数据

    char charData = 'A';
    System.out.print("字符型数据:" + charData);       //输出字符型数据

    boolean boolData = false;
    System.out.print("布尔型数据:" + boolData);       //输出布尔型数据
    }
}
```

以上实例编译运行结果如下:

整型数据:23 浮点型数据:23.12 字符型数据:A 布尔型数据:false

从输出结果可以看出,print 方法是在上次输出的位置上连续输出,中间没有分隔符,如果需要换行输出,就要用 println 方法了。

2.6.2 println 方法

println 方法与 print 方法很相似,区别是用 print 方法输出后不会换行,而 println 输出后会换行。

【例 2.15】 利用 println 方法实现字符输出。

```java
public class PrintlnTest {
  public static void main(String[] args) {
    int intData = 23;
    System.out.println("整型数据:" + intData);        //输出整型数据

    double doubleData = 23.12;
    System.out.println("浮点型数据:" + doubleData);   //输出浮点型数据

    char charData = 'A';
```

```
        System.out.println("字符型数据:" + charData);      //输出字符型数据

        boolean boolData = false;
        System.out.println("布尔型数据:" + boolData);     //输出布尔型数据
    }
}
```

以上实例编译运行结果如下:

整型数据:23
浮点型数据:23.12
字符型数据:A
布尔型数据:false

从输出结果可以看出,println 方法是每次输出结束后,输出一个换行符进行换行,下次输出时会另起一行。

Java 的标准输出在 Java 程序开发中,用途最大的就是输出调试信息到控制台,应用 System.out.println 方法可以把程序运行过程中的关键信息输出到控制台,监控程序的运行和判断程序问题所在。

2.6.3 printf 方法

在实际应用中,输出数据时,要求数据必须按照一定的格式输出,如数据精度要求、小数点后保留 2 位有效数字、按照规定的格式输出日期、按照表格方式输出数据等,这个时候要用 System.out 的 printf 方法。

【例 2.16】 利用 printf 方法格式化输出浮点数。

```
public class PrintfTest1 {
    public static void main(String[] args) {
        double doubleData = 3.14159265;
        System.out.println("用 println 输出的数据:" + doubleData);
        System.out.printf("%s%.2f","用 printf 输出的数据:",doubleData);
    }
}
```

例 2.16 中,printf 语句中的 "%s%.2f" 是格式字符串,其中 "%s" 是格式说明符,表示输出字符串,字符串内容取自格式字符串后面的参数。"%.2f" 也是格式说明符,表示输出浮点数,小数点后面保留 2 位有效数字,浮点数数值取自格式字符串后面的参数。参数跟在格式字符串后面,格式字符串中有多少个格式说明符,后面就要有多少个参数,每个参数之间用英文逗号分隔。格式字符串 "%s%.2f" 有两个格式说明符,因此在格式字符串后面应有两个参数,参数顺序与格式字符串中的格式说明符顺序保持一致。

例 2.16 的输出结果如下:

用 println 输出的数据:3.14159265
用 printf 输出的数据:3.14

从运行结果可以看出,printf 方法可以控制浮点数小数位数的输出。

printf 方法常用的格式符如表 2.12 所示。

表 2.12 printf 方法常用的格式说明符

格式符	说明
%c	单个字符
%d	十进制整数
%f	十进制浮点数
%o	八进制数
%s	字符串
%u	无符号十进制数
%x	十六进制数
%%	输出百分号%
%b	输出逻辑状态值(true 或 false)

printf 的常用格式控制为:%0m.n 格式字符,其中,%是格式说明的起始符号,不可缺少。有 0 表示指定空位填 0,如省略表示指定空位不填。m 指域宽,即对应的输出项在输出设备上所占的字符数。n 指精度,用于说明输出的实型数的小数位数。未指定 n 时,隐含的精度为 n=6 位。例如,%.2f,m 为默认位数,小数后面保留 2 位;%8.2f,意思是位数为 9 位,小数后面保留 2 位;%08.2f,意思是位数为 9 位,小数后保留 2 位,位数不足的用 0 补齐。

【例 2.17】 利用 printf 方法实现格式化输出。

```
public class PrintfTest2 {
    public static void main(String[] args) {
        //TODO Auto-generated method stub
        String strData = "格式化输出测试";
        double doubleData = 3.14159265;
        char charData = 'A';
        int charData1 = charData;

        System.out.printf("##### %s#####\n",strData);
        System.out.printf("%06.2f\n",doubleData);
        System.out.printf("%s%c\n 十进制:%d\n 十六进制:%x\n 八进制:%o\n","输出字符变量:",charData,charData1,charData1,charData1);
    }
}
```

在"System.out.printf("##### %s#####\n",strData);"语句中,%s 表示输出字符串,字符串的内容来自 strData,%s 前面和后面的#####是要原样输出的字符串内容,格式字符串里面可以添加任何想要输出的内容。\n 是换行符,下次输出时将会另起一行。

在"System.out.printf("%06.2f\n",doubleData);"语句中,%06.2f 表示输出 7 位浮点数,保留 2 位有效小数,位数不足的前面用 0 填充,浮点数值内容来自 doubleData。

在输出字符型变量语句中,分别应用%c、%d、%x和%o将字符型变量按照字符、十进制数值、十六进制数值和八进制数值输出(本例先用"int charData1=charData;"语句把字符变量转换成整型才能按不同进制输出,有些版本不用转换可以直接输出)。

例2.17的运行结果如下:

#####格式化输出测试#####
0003.14
输出字符变量:A
十进制:65
十六进制:41
八进制:101

习 题

1. 单选题

(1) 下列哪一个不属于Java的基本类型?( )。

A. int   B. String   C. float   D. byte

(2) 下列哪条语句能编译通过?( )。

A. String String="String";   B. float float="3.14";

C. int int = 11;   D. int i= 1.1;

(3) 下列代码的执行结果是:( )。

```
public class Test1{
    public static void main(String args[]){
        float t = 9.0f;
        int q = 5;
        System.out.println((t++)*(--q));
    }
}
```

A. 40   B. 40.0   C. 36   D. 36.0

(4) int长度描述正确的是( )。

A. -2^{31} 到 $2^{31}-1$ B. -2^{32} 到 $2^{32}-1$

C. -2^{7} 到 $2^{7}-1$ D. -2^{8} 到 $2^{8}-1$

(5) 整型数据类型中,需要内存空间最少的是( )。

A. short   B. long   C. int   D. byte

(6) 下面哪一个操作符的优先级最高?( )

A. &&   B. || C. !   D. ( )

(7) 执行语句"int i = 1, j = ++i;"后 i 与 j 的值分别为( )。

A. 1与1   B. 2与1   C. 1与2   D. 2与2

(8) 有如下程序段:

```
int a = b = 5;
String s1 = "祝你今天考出好成绩!";
String s2 = s1;
```

则表达式 a == b 与 s2 == s1 的结果分别是:(   )。

  A. true 与 true   B. false 与 true

  C. true 与 false   D. false 与 false

(9) 在 Java 中,"456"属于(   )类的对象。

  A. int   B. String   C. Integer   D. Number

(10) "System.out.println("5" + 2);"的输出结果应该是(   )。

  A. 52   B. 7   C. 2   D. 5

(11) 设 x 为 float 型变量,y 为 double 型变量,a 为 int 型变量,b 为 long 型变量,c 为 char 型变量,则表达式 $x+y*a/x+b/y+c$ 的值为(   )类型。

  A. int   B. long   C. double   D. char

(12) 下面哪个表达式是正确的?(   )。

  A. byte=128;   B. Boolean=null;

  C. long l=0xfffL;   D. double=0.9239d;

(13) 下列运算符合法的是(   )。

  A. &&   B. <>   C. if   D. :=

2. 多选题

(1) 以下标识符的命名规则描述正确的是(   )。

  A. 由英文字母、数字、_和 $ 组成,长度不限   B. 标识符的第一个字符不能是数字

  C. 标识符区分大小写   D. 标识符不能包含空格

(2) 下列属于正确标识符的选项有(   )。

  A. int   B. $_Count   C. 3M   D. Hello

  E. b-7   F. ms#d   G. bool   H. D9658

(3) 下面哪些是合法的变量名?(   )。

  A. 2variable   B. variable2   C. _whatavariable   D. _3_

  E. $anothervar   F. #myvar   G. $_¥

(4) 下面的语句在编译时不会出现警告或错误的是(   )。

  A. float f=3.14;   B. char c="c";   C. Boolean b=null;   D. int i=10.0;

3. 操作题

编写程序,通过键盘输入长方形的长和宽,分别计算长方形的周长和面积并输出。

第 3 章　数组与字符串、选择与循环

学习目标

- 熟悉 Java 中数组的定义、初始化和数组中的元素访问
- 能熟练使用 Java 数组,能够利用 Arrays 类完成数组常用的操作
- 熟悉多维数组的定义、初始化和多维数组中的元素访问
- 熟练掌握字符串的各类使用方法,包括字符串信息获取、字符串转换、字符串分割和字符串匹配等操作
- 熟悉利用 Java 实现"选择"流程,熟悉 if-else 语句,以及嵌套的 if-else 语句
- 熟悉循环的三种表达方式,了解三种表达方式的不同之处
- 熟悉 for 循环的嵌套使用
- 能熟练使用循环的中断机制,理解 break 和 continue 关键字的使用

3.1　数组的定义

简单来说,数组是相同类型数据的集合。在定义数组时,直接在数据类型后面加[]。下面是数组的定义:

数据类型[] 变量;

例如,int[] nArray 定义了一个整型数组,char[] chArray 定义了一个字符数组。定义数组以后,有以下两种方式可以创建数组。数组创建完以后,其大小就固定了。

1. 使用 new 创建数组

new 语句用于创建数组,为数组指定大小,并为其分配相应的内存空间。例如,下面的例子就分别创建了一个大小为 5 的整型数组 nArray,一个大小为 3 的布尔型数组 bArray。整型数组在创建后默认每个元素为 0,布尔型默认为 false。

```
int[] nArray;
boolean[] bArray;
nArray = new int[5];
bArray = new boolean[3];
```

和 C++ 不同的是,Java 中采用 new 语句申请内存以后,无须再使用 delete 语句回收内存。Java 虚拟机会自己处理内存的回收事宜。

2. 直接创建并初始化数组

除了使用 new 语句以外,也可以通过直接指定数组的内容,创建并初始化数组。这种方

式无须显式地指定数组的大小，系统会根据初始化数据的个数自动计算。例如，下面的例子同样创建了一个大小为 5 的整型数组 nArray 和大小为 3 的布尔型数组 bArray。

```
int[] nArray = {2,34,29,38,90};
boolean[] bArray = {false,true,true};
```

需要注意的是，Java 在定义数组时，也可以和 C++一样，将[]放在变量后面。例如，上述整型数组和布尔型数组还可以这样定义：

```
int nArray[];
boolean bArray[];
```

但是这种方式并不被官方鼓励，因为定义的是某种数据类型的集合，而不是变量的集合，所以[]放在数据类型后面更加合理。

3.2 数组的使用

在使用数组之前，首先需要了解数组的存储方式。如图 3.1 所示，数组在内存中连续存在相邻的单元。特别需要注意的是，和 C++一样，第一个元素的索引是 0，不是 1。以 3.1 节中定义的整型数组 nArray 为例，nArray[0]表示数组中第一个元素，nArray[1]表示数组中第二个元素，依此类推。假设该数组长度为 Length，那么 nArray[Length-1]则表示数组中的最后一个元素。

数组索引	0	1	2	3	4
数组元素	元素 1	元素 2	元素 3	元素 4	元素 5
数组长度:5					

图 3.1 数组示意图

如果使用 new 定义数组，那么在使用数组之前，一般还需对数组进行初始化。例如：

```
nArray[0] = 13;
nArray[1] = 19;
nArray[2] = 28;
nArray[3] = 39;
nArray[4] = 0;
```

数组的访问和数组的初始化一样，通过数组元素的索引进行访问。Java 中还有个数组类 java.util.Arrays，提供一些数组操作。下面介绍一些常用的数组操作。

1. 查看数组的长度

数组类型的 length 属性可以返回该数组的长度，以 3.1 节中的 nArray 和 bArray 为例：

```
int nSize1 = nArray.length;        //nSize1 = 5
boolean nSize2 = bArray.length;    //nSize2 = 3
```

2. 将数组元素都初始化为相同的数值

Arrays 类的 fill()函数可以将数组中所有元素的值都设为统一的值，且 fill()函数支持各种不同类型的数组。例如：

```
Arrays.fill(nArray, 13);      //将 nArray 中的每个元素设为 13
Arrays.fill(bArray, true);    //将 bArray 中的每个元素设为 true
```

3. 数组排序

利用 Arrays 类的 sort 函数,可以将数组的部分或者全部元素进行排序。例如：

```
Arrays.sort(nArray);          //将 nArray 整个数组进行排序
Arrays.sort(nArray,1,5);      //对 nArray 中的 nArray[1]到 nArray[4]进行排序
```

4. 查找数组中的元素

利用 Arrays.binarySearch() 函数可以实现在数组中查找指定元素的任务。由于该函数要求数组必须是已排序的,因此需要在使用 binarySearch 函数前,先使用 sort 函数对数组进行排序。该函数支持各种数据类型的查找。

如果在数组中找到指定的元素,则返回该元素的索引;否则,返回该元素在有序数组中应有位置对应的负数。例如：

```
int[] nArray = {342,34,29,38,90};
int   nPos;
Arrays.sort(nArray);                          //排序后 nArray = {29,34,38,90,342}
nPos = Arrays.binarySearch(nArray, 38);       //nPos = 2;
//30 应该在 nArray 中排第二,nPos = -2;
nPos = Arrays.binarySearch(nArray, 30);
```

5. 数组的拷贝

可以利用 Arrays.copyOfRange() 和 Arrays.copyOf() 函数在数组之间方便地进行拷贝。下面以 copyOfRange() 函数为例,展示拷贝函数的用法：

```
char[] chSource = {'I','a','m','a','b','o','y'};
//chDest = {'b','o','y'}
char[] chDest = Arrays.copyOfRange(chSource, 4, 7);
```

copyOfRange(original, int from, int to) 函数的第一个参数表示需要从哪个数组源 original 拷贝,第二个参数 from 表示从数组源的哪个索引位置开始拷贝,返回的数组长度等于 to−from。因此,上述拷贝函数的意思是：从 chSource 数组的 chSource[4]开始,拷贝一段长为 7−4 的子数组赋值给 chDest 变量。

另外,System.arraycopy 函数也提供了类似的数组拷贝功能,在此不再赘述。

3.3 多维数组

实际生活中,有很多数据不便采用一维数组表达,如表 3.1 所示的学生成绩信息。和 C/C++等语言一样,Java 也支持二维数组的表示。Java 采用两个中括号[][]来表示二维数组。二维数组的定义、初始化和使用方式和一维数组非常相似。表 3.1 所示的成绩信息可用下面的二维数组例子进行表达和操作。

表 3.1　学生成绩信息

课程＼学生	李军	张婧	王同
语文	65	77	89
数学	89	80	92

【例 3.1】 用二维数组表示数据。

```
String[][] strSubject = {{"语文","数学"},{"李军","张婧","王同"}};
int[][]    fGrade    = {{65,77,89},{89,80,92}};

int nSubjectSize = strSubject[0].length;
int nStudentSize = strSubject[1].length;

System.out.println("课程数量为:" + nSubjectSize);
System.out.println("学生数量为:" + nStudentSize);

//打印李军的语文成绩;
System.out.print(strSubject[1][0] + "-" + strSubject[0][0] + "成绩:");
System.out.print(fGrade[0][0] + "\n");
//打印王同的数学成绩;
System.out.print(strSubject[1][2] + "-" + strSubject[0][1] + "成绩:");
System.out.print(fGrade[1][2] + "\n");
```

例 3.1 中第 3 行的 strSubject[0],实际上就是一个一维数组{"语文","数学"}。同样的 strSubject[1]就是{"李军","张婧","王同"}。例 3.1 中的输出结果是：

```
课程数量为:2
学生数量为:3
李军-语文成绩:65
王同-数学成绩:92
```

同样的,可以在数据类型后用[][][]表示三维数组,以及更多维的数组。其具体操作如二维数组,不再赘述。

3.4　字符串的定义与使用

Java 使用 String 类来处理字符串的操作,比如定义并初始化一个表示班级的字符串：

```
String strName = "Class201"
```

String 类具有多种不同的构造方法,除了上述直接赋值的以外,下面再介绍一些常用 String 构造方法。

【例 3.2】 常用的 String 类构造方法。

```java
//其他数据类型转换为String类型;
String strIntToString = Integer.toString(10);
String strDoubleToStr = Double.toString(2.0);

//利用字符数组创建String类型;
char[] chFile = {'A','.','J','P','G'};
String strFileName = new String(chFile);
String strFileExet  = new String(chFile,2,3);

//strFileName = "A.JPG", strFileExet = "JPG"
System.out.println("strFileName = " + strFileName);
System.out.println("strFileExet = " + strFileExet);
```

3.5　字符串的常用方法

Java为字符串类型提供了非常丰富的函数,可以实现各种操作。这使得Java的字符串处理起来相当简洁方便。下面介绍一些常用的字符串操作。

1. 获取字符和子字符串信息

String类型可以看成是字符数组,但是不能通过[]访问String中的每个字符元素。String类提供了length()、indexOf()、charAt()等函数获得字符元素或子字符串信息,如例3.3所示。

【例3.3】　String类的字符元素信息获取。

```java
String strFileName;
    strFileName = "d:\\image\\WangYang.jpg";
//将字符串转换为字符数组
    char[] chFileName = strFileName.toCharArray();

//strFileName字符串长度为:21
    System.out.println("strFileName字符串长度为:" + strFileName.length());
//strFileName第3个字符是:\
    System.out.println("strFileName第3个字符是:" + strFileName.charAt(2));
//strFileName中W字符的位置是:9
    System.out.println("strFileName中W字符的位置是:" + strFileName.indexOf('W'));
//strFileName中jpg字符串的位置是:18
    System.out.println("strFileName中jpg字符串的位置是:" + strFileName.indexOf("jpg"));
//strFileName中最后一个反斜杠的位置是:8
    System.out.println("strFileName中最后一个反斜杠的位置是:"
      + strFileName.lastIndexOf('\\'));
```

下面的例子则综合利用length()、lastIndexOf()和substring()等函数,返回一个不带路径的纯文件名字符串。

【例 3.4】 获取不带路径的文件名字符串。

```
String strFileName;
strFileName = "d:\\image\\WangYang.jpg";

int nIndex    = strFileName.lastIndexOf('\\');
int nLen      = strFileName.length();
String strFile = strFileName.substring(nIndex + 1,nLen);
//不带路径文件名是:WangYang.jpg
System.out.println("不带路径文件名是:" + strFile);
```

2. 字符串匹配

String 提供了很多函数,如 endsWith()、startsWith()、isEmpty()等用于判断字符串是否以特殊的子串开始或者结束,判断字符串是否为空,是否等于指定的值等。

【例 3.5】 字符串的匹配函数。

```
String strFileName = "d:\\image\\WangYang.jpg";
String strNull = "";

String strResult = Boolean.toString(strNull.isEmpty());
//strResult = true
System.out.println("strNull 字符串是否为空:" + strResult);
strResult = Boolean.toString(strFileName.endsWith("jpg"));
//strResult = false
System.out.println("字符串是否以 jpg 结尾:" + strResult);
strResult = Boolean.toString(strFileName.startsWith("c:"));
//strResult = false
System.out.println("字符串是否以 c:开头:" + strResult);
strResult = Boolean.toString(strFileName.equals("WangYang.jpg"));
//strResult = false
System.out.println("字符串是否等于 WangYang.jpg:" + strResult);
```

3. 字符串转换

String 类提供了一些字符串的大小写转换函数,以及与其他数据类型的转换函数,如例 3.6 所示。其中,不同数据类型的 parse 函数和 String.valueOf()函数方便地实现了 String 和其他数据类型的相互转换。

【例 3.6】 字符串转换。

```
//大小写转换;
String strFile = "a.Jpg";
//strUpCaseFile = "A.JPG"
String strUpCaseFile = strFile.toUpperCase();
//strLoCaseFile = "a.jpg"
String strLoCaseFile = strFile.toLowerCase();
```

```java
//各种数据类型和 String 类型的转换;
int nX = Integer.parseInt("10");
double dX = Double.parseDouble("2.4");
String strTemp1 = String.valueOf(nX);
String strTemp2 = String.valueOf(dX);
```

4．字符串分割

String 类还提供函数用于根据特定分隔符对字符串进行分割。相关的函数包括 split 和 StringTokenizer 类等。split()函数具体的使用方法如例 3.7 所示。

【例 3.7】 字符串分割。

```java
    String strTemp = "I am a boy";
    String strFile = "东正街口_192.167.1.20_行人闯红灯_2.jpg";
    //利用空格将字符串分割为字符串数组;
    String[] strPart = strTemp.split(" ");
    //利用下画线_将文件名分为多个单元,返回字符串数组;
    String[] strInfo = strFile.split("_");
//strPart[1] = "am"
    System.out.println("strPart[1] = " + strPart[1]);
    //学了 for 循环以后,可以用 for 循环打印;
//strInfo[0] = "东正街口"
    System.out.println("strInfo[0] = " + strInfo[0]);
//strInfo[1] = "192.167.1.20"
    System.out.println("strInfo[1] = " + strInfo[1]);
//strInfo[2] = "行人闯红灯"
    System.out.println("strInfo[2] = " + strInfo[2]);
//strInfo[3] = "2.jpg"
    System.out.println("strInfo[3] = " + strInfo[3]);
```

StringTokenizer 类可以实现相同的功能,并且具有更高的效率,本文不再详细叙述该类的使用方法,有兴趣的读者可以自行到网络上查找相关用法。

5．其他常用方法

String 类的其他一些常用函数还包括以下几种。

trim():用于去除字符串前后的空格。

replace(旧子字符串,新字符串):用指定的新字符串替换原字符串中的旧子字符串部分,返回替换后的字符串。

equalsIgnoreCase():忽略大小写情况下的字符串内容是否相等的判断。

3.6 if-else 语句

if-else 语句是最简单也是使用最频繁的选择语句,其基本逻辑和实现如图 3.2 左边所示。简单来说,基本的 if-else 逻辑就是根据指定的条件是否满足来区分执行不同的任务。其中,if 和 else 是关键字。if-else 语句的使用需要注意以下两点。

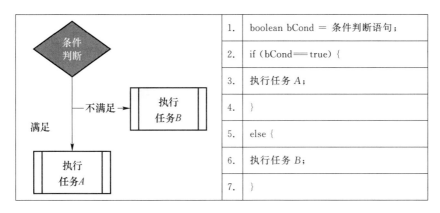

图 3.2 if-else 语句的基本逻辑

(1)"条件判断"的结果用 boolean 值存储,并可直接写在 if 语句中。

例如下面的条件判断语句是"x>6",其结果 false 存储在 bCond 变量中。因此程序会略过 if{}部分的代码,仅执行 else{}部分的语句。

【例 3.8】 if-else 语句示例。

1. int   x = 5;
2. boolean bCond = x > 6;
3. if (bCond == true){
4. }
5. else{
6. }

为了使代码更加简洁,可以将上述代码的第二行和第三行相结合,取消布尔变量,变成下述表达方式:

1. int   x = 5;
2. if ((x>6) == true){
3. }
4. else{
5. }

更进一步的,还可以将上述第二行表达式简化为下述更加常见的方式:

1. int   x = 5;
2. if (x>6){
3. }
4. else{
5. }

(2)任务有多行代码时,不可省略{}。

如图 3.2 右边所示,if 部分(2~4 行)和 else 部分(5~7 行)的任务要完全写在{}中间。如果任务 A 和任务 B 都仅仅只有一行代码,那么{}是可以省略的。例如,例 3.9 中左右两段代码的运行结果是完全一样的。

【例 3.9】 任务只有单行代码的示例。

int x = 5;
if (x > 6) {
  x = x - 2;
}
else{
  x = x + 2;
}
	int x = 5;
	if (x > 6)
	  x = x - 2;
	else
	  x = x + 2;

(a) 任务写在{}中	(b) {}被省略

但是,如果任务中有多行代码,那么省略{}将产生意想不到的错误。例如,例 3.10 左右两边看似相同的代码,其结果是完全不同的。左边的程序在执行完 if 部分后就结束了。而右边的程序则在执行完 if 部分后,还会运行最后一行"x = x * 3"。因此,程序结束后,左边的 x 为 8,右边的 x 为 24。

【例 3.10】 左右大括号的作用。

int x = 10;
if (x > 6) {
  x = x - 2;
}
else{
  x = x + 2;
  x = x * 3;
}
	int x = 10;
	if (x > 6)
	  x = x - 2;
	else
	  x = x + 2;
	  x = x * 3;

(a) 未省略{}	(b) {}被省略

下面,我们再举一个例子,加深对 if-else 语句的印象。该例子由用户输入成绩,如果成绩小于 60,则打印"很遗憾!成绩不及格";否则,打印"恭喜你!成绩过关了"。以下是该例子的代码。

【例 3.11】 打印成绩结果。

```
Scanner out = new Scanner(System.in);
System.out.println("请输入分数:");
int nGrade = out.nextInt();
if(nGrade >= 60)
    System.out.println("恭喜你!成绩过关了")；
else
        System.out.println("很遗憾!成绩不及格")；
```

3.7 if-else 级联和嵌套

上述简单的 if-else 语句只能实现两个任务分支的选择,无法处理实际生活中可能存在的多个选择分支的情况。例如,将学生表现根据成绩划分为四档,分别是不及格、及格、良好、优秀。使用 if-else 级联或嵌套可以实现多选分支的情况。具体如例 3.12 所示。

【例 3.12】 if-else 级联及嵌套语句。

```
Scanner out = new Scanner(System.in);
System.out.println("请输入分数:");
int nGrade = out.nextInt();
if(nGrade >= 60){
    //成绩>= 85 为优秀;
    if (nGrade >= 85)
        System.out.println("表现优秀");
    //85>成绩>= 70 为良好;
    else if (nGrade >= 70)
        System.out.println("表现良好");
    //70>成绩>= 60 为及格;
    else
        System.out.println("表现及格");
}
else
    //成绩<60 为不及格;
    System.out.println("很遗憾! 表现不及格");
```

3.8　switch 语句

if-else 语句及其嵌套使用可以解决大部分基于条件判断的选择逻辑。但是在日常生活中,有很多选择的取值是有限的。比如,大学年级的取值只有大一、大二、大三、大四,性别的取值只有男、女,季节的取值只有春、夏、秋、冬等。针对这种取值有限的情况,可采用 switch-case 语句来实现不同取值时的任务逻辑。

图 3.3 左边显示了 switch-case 语句的逻辑,右边表示相关语法。基于输入变量的取值不同,执行不同的任务。如果 switch 语句中的变量不等于任何 case 语句中的取值,则默认执行 default 语句中的任务。以下是 switch-case 语句使用中需要注意的地方。

(1) switch 语句中支持的变量类型。

可以在 switch 中使用的变量类型包括 byte、short、int、char(JDK 1.6),还有枚举类型,在 JDK 1.7 后添加了对 String 类型的判断。

(2) default 语句不是必需的。

最后的 default 语句并不是 switch-case 语句中必须包含的。没有 default 语句仍然可运行。但是建议保留 default 语句,并在该语句中包含 switch 中变量值未被 case 语句罗列的情况下的处理流程。如下面的例 3.13 所示,default 语句中提示了用户的输入错误。

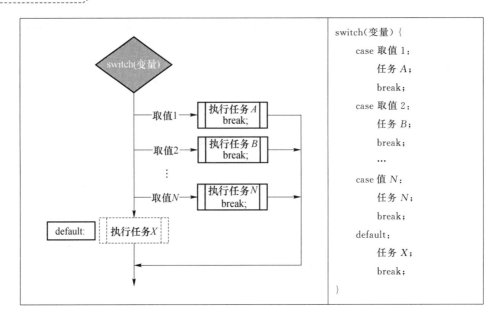

图 3.3　switch-case 语句的基本逻辑(左)和语法(右)

(3) break 语句的重要性

如图 3.3 左边的流程图所示，break 语句用于直接退出 switch 语句，不执行剩下的其他 case 及 default 语句。如果某个 case 语句中没有 break，则将默认执行下面的 case 语句，直到 default 语句。

下面的例子显示了如何使用 switch-case 语句：判断用户输入的加减乘数运算符，并根据不同的运算符进行计算，打印最终的运算结果。

【例 3.13】　switch-case 语句的使用。

```
int   a = 15;
int   b = 3;

Scanner out = new Scanner(System.in);
System.out.println("请输入加减乘除运算符:");
char chSymbol = out.next().charAt(0);
switch(chSymbol){
    case '*':
        System.out.println("a * b = " + (a * b));
        break;
    case '-':
        System.out.println("a - b = " + (a - b));
        break;
    case '+':
        System.out.println("a + b = " + (a + b));
        break;
    case '/':
```

```
            System.out.println("a/b = % d" + (a/b));
            break;
        default:
            System.out.println("只能输入加减乘除符号");
            break;
    }
    out.close();
```

以上例子中,如果输入'−',那么打印结果为:

a − b = 12

但是如果将"case '−'"语句中的 break 语句去掉,那么程序还将执行接下来的"case '+'"语句,并在执行完该其中的 break 语句后退出。最终打印结果变为:

a − b = 12
a + b = 18

3.9　while 循环

if-else 和 switch-case 语句都属于选择语句,基于条件判断执行不同的分支任务。这类语句不适合解决需要循环多次执行的任务,比如,每天检查一遍某磁盘空间,如果小于 100 MB,则打印提示信息;数据库中有 10 000 条记录,打印每条记录的详细信息;将用户的输入保存到指定的文件,直到用户输入"END"结束。以上任务,都涉及某类任务的重复执行,需要循环语句来实现。

循环语句主要有三种语法,接下来首先介绍第一种:while 循环。其基本逻辑和语法如图 3.4 所示,while 循环首先判断条件是否满足,如果不满足,不执行任何任务;如果条件满足,则执行循环任务。图 3.4 中的"条件判断"和图 3.2 中的一样,也是布尔值运算。

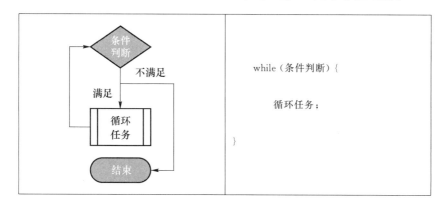

图 3.4　while 循环的逻辑(左)和语法(右)

以下是一个利用欧拉算法计算两个整数最大公约数的例子。欧拉算法的思路如下:对于任意两个非零非负的整数 m、n,循环将 $m\%n$ 和 n 分别赋值给 n 和 m,直到 n 为 0 时退出,此时 m 的值即为两者的最大公约数。该算法可以用 while 循环实现如下。

【例 3.14】 利用 while 循环实现最大公约数的计算。

```
int m = 25;
int n = 15;
int r;

while ( n!= 0 ) {
    r = m % n;
    m = n;
    n = r;
}
System.out.println("m 和 n 的最大公约数是" + m);
```

3.10 do-while 循环

假设有以下任务:程序显示任务清单,并通过判断用户输入的字符来进入不同的任务页面,但是如果用户输入'N'则退出整个程序。根据 while 循环的定义,如果条件判断为 false,则 while 循环会在不执行任务的情况下直接退出循环。这种逻辑对于上述任务是不合适的。因为用户都没有输入,哪来的条件判断呢?

do-while 循环可以解决上述问题。和 while 循环不同,do-while 循环至少执行一次,任务完成后再进行条件判断。如果条件不满足,则退出循环;否则,重复执行循环任务。整个 do-while 循环的逻辑和语法如图 3.5 所示。

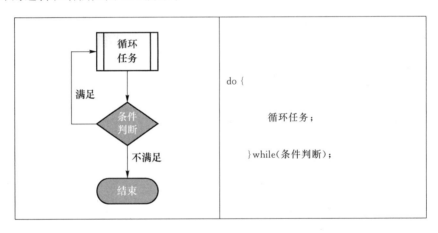

图 3.5 do-while 循环的逻辑(左)和语法(右)

下面通过例 3.15 说明 do-while 循环的使用。该例子首先显示一个查询菜单,用户通过输入不同的字符进入不同类型信息的查询页面。当用户输入'E'时,则退出整个查询系统。为了方便,本例省略了每个子查询页面的具体逻辑实现,仅仅是打印出一条信息。该例还再次使用了 switch-case 语句,方便读者再次熟悉该语句的使用。

【例 3.15】 do-while 循环的使用。

```java
Scanner out = new Scanner(System.in);
System.out.println("********欢迎进入计算机学院学生查询系统********");
System.out.println("A. 学生信息查询");
System.out.println("B. 教师信息查询");
System.out.println("C. 校车信息查询");
System.out.println("E. 退出系统");
char chCommand ='A';
do{

    System.out.println("请输入你的选择:");
    chCommand = out.next().charAt(0);
    switch(chCommand){
        case'A':
            System.out.println("进入学生信息查询界面..");
            break;
        case'B':
            System.out.println("进入教师信息查询界面..");
            break;
        case'C':
            System.out.println("进入校车信息查询界面..");
            break;
        case'E':
            System.out.println("退出系统....");
            break;
        default:
            System.out.println("输入的字符无效!");
            break;
    }

}while (chCommand !='E');
out.close();
```

以下是依次输入 A、B、E 三个字符后的运行结果。

********欢迎进入计算机学院学生查询系统********
A. 学生信息查询
B. 教师信息查询
C. 校车信息查询
E. 退出系统
请输入你的选择:
A
进入学生信息查询界面..
请输入你的选择:

B
进入教师信息查询界面..
请输入你的选择：
E
退出系统....

3.11 for 循环

3.11.1 常规 for 循环

while 和 do-while 语句都是基于条件的循环,循环次数并不是固定的。对于次数可预知或者次数固定的循环任务,有一种更加方便的选择:for 语句。比如,计算 1 到 100 的和,打印全班同学的名字,统计公司每月的销售总额等,这些任务具有固定的循环次数,都适合采用 for 语句。

for 语句的逻辑和语法如图 3.6 所示。使用时需要注意以下几点。

(1) for 循环中的初始化只会执行一次。

(2) for 循环中的"条件判断"与选择语句以及其他循环语句的一样,是一个布尔类型的表达式。如果条件判断为 true,则执行循环任务;如果为 false,则退出 for 循环。

(3) 增量更新语句虽然是写在 for()语句中,但是它是在执行完循环任务后,才会被执行的。

(4) for()循环中的初始化、条件判断、增量更新语句之间用;相隔,这三条语句中的任意一条、两条语句均可为空。初始化为空,表示没有任何初始化动作,增量更新为空表示没有任何增量更新的动作,虽然条件判断也可以为空,但是一般至少会保留条件判断语句。最极端的情况,这三条语句均可以为空,for 语句就是 for(;;)。

(5) for()语句后面不可以加分号。虽然加了分号,编译也能通过,但是会产生非预期的结果。

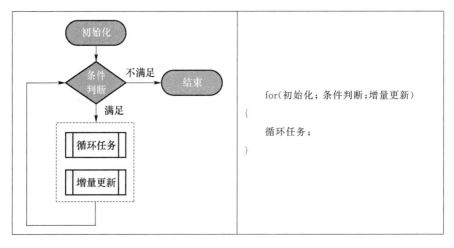

图 3.6　for 语句的逻辑(左)和语法(右)

下面通过一个利用 for 循环打印 50 到 60 之间数字相加结果的例子,说明 for 循环语句的使用。

【例3.16】 for语句的使用。

```
int i;
int nSum = 0;
for(i = 50; i <= 60; i++)
nSum = nSum + i;
System.out.println("50 - 60 总和是:" + nSum);
```

上述例子能正常计算50到60之间数字的累加和,但如果在for语句后面不小心加了分号,那么结果就完全不一样了,如例3.17所示。

【例3.17】 for语句后面加分号的后果。

```
int i;
int nSum = 0;
for(i = 50; i <= 60; i++)
    nSum = nSum + i;
nSum = nSum + i;
```

例3.17的打印结果是:50-60总和是:61。显然这不是我们想要的结果。原因是for循环后面有了分号以后,直接执行第3行的语句,并且重复执行条件判断语句和增量更新语句,直到 $i=61$ 后退出for循环,然后才执行第4行,结果nSum就等于61了。

3.11.2　增强 for 循环

Java 5.0 引入了一种新的增强 for 循环。增强 for 循环主要用于数组或者集合等数据类型,其语法如下:

```
for(变量:数据集)
```

其中,变量数据类型必须和数据集中的数据类型一致,并在每一次循环中,分别表示数据集中的每一个成员。这种形式简化了 for 循环在部分涉及数组、集合等数据时的使用方式。例3.18展示了增强 for 循环的使用案例。

【例3.18】 增强 for 循环的使用。

```
String[] strName = {"柳宗元","杜甫","陆游","李白"};
for(String temp:strName)
    System.out.println(temp);
```

3.11.3　for 循环嵌套

如果要访问一个一维数组,for 循环很容易做到。但是如果要访问二维数组,单个 for 循环就稍显麻烦了。不过,for 循环的嵌套使用使得二维数组的访问变得非常简单。和 if-else 语句一样,for 循环也可以嵌套使用,组成内外循环。例3.19展示了如何利用嵌套 for 循环访问二维数组中的每个成员。

【例3.19】 for 循环的嵌套使用。

```
int[][] nNum = {{23,45,0},{478,29,70},{30,79,88}};

for(int i = 0; i < 3; i++){
    for(int j = 0; j < 3; j++){
        System.out.print(nNum[i][j] + " ");
    }
    //三个一行;
    System.out.print("\n");
}
```

以上例子中,内层for循环打印一行三个数字,外层for循环打印三行这样的数字,并在每一行三个数字结束后打印回车。

3.12 循环中断

在循环语句中,有两个关键字break和continue,用于中断单次或整个循环过程。还有个关键字return,直接中断整个循环,返回结果。

1. break

break主要用在循环语句或者switch语句中,跳出其中的循环。break有两种模式:不带标签的break和带标签的break。

不带标签的break,直接跳出最里面的循环后,继续执行剩下的语句。例3.20在第一次找到指定的数字后,直接跳出循环,并继续执行后面的if-else语句。

【例3.20】 不带标签的break语句。

```
int[] nNum = {23,45,0,478,29,70,30};
int i;
int nKey = 29;
int nIndex = -1;

for(i = 0; i < 7; i++){
    if (nKey == nNum[i]){
        nIndex = i;      //记录找到的数字的位置;
        break;           //找到后退出循环;
    }
}

if (nIndex == -1)
    System.out.println("未找到指定数字");
else
    System.out.println("在以下位置找到指定数字:" + (nIndex + 1));
```

不带标签的break跳出的是循环语句的最内层循环,而带标签的break则直接跳出最外层的循环。同例3.20类似,例3.21展示了在一个二维数组中查找指定数字,并在找到后直接退出所有循环的过程。在这里,我们将查找过程标记为 SeqSearch。

【例 3.21】 带标签的 break 语句。

```
int[][] nNum = {{23,45,0},{478,29,70},{30,79,88}};

int i, j;
int nKey = 478;
int nIndi = -1;
int nIndj = -1;

SeqSearch:
    for(i=0; i<3; i++)
        for(j=0; j<3; j++){
            if (nKey == nNum[i][j]){
                nIndi = i;
                nIndj = j;
                break SeqSearch;
            }
        }

    if (nIndi == -1)
        System.out.println("未找到指定数字");
    else
        System.out.println("在以下位置找到指定数字:" + (nIndi+1) + "," + (nIndj+1));
```

上述例子中,如果使用不带标签的 break,则直接跳出内层的 j 循环,回到外层的 i 循环。但使用带标签的 break,则直接退出了整个双层 for 循环,接着执行下面的 if-else 语句。

2. continue

循环语句中用 continue 中止剩下语句的执行,直接开始下一轮的循环任务。下面的例子使用 continue 语句,打印数组中的所有偶数。

【例 3.22】 continue 的使用。

```
int[] nNum = {52,88,0,25,90,33};

for(int i=0; i<6; i++){
    if (nNum[i]%2 != 0)
        continue;   //偶数才执行下面的打印任务;
    System.out.println(nNum[i]);
}
```

和 break 一样,continue 也有不带标签和带标签两种使用方式。不带标签的 break 中止的是最内层循环后续语句,直接执行最内层循环的下一轮任务,而带标签的 continue 则中止的是最外层循环语句的后续语句,此处不再赘述举例。

第 4 章 面向对象编程基础

学习目标

- 理解面向对象的基本概念
- 理解类与对象之间的区别与联系
- 理解并掌握 Java 语言中类的定义方法
- 掌握对象的创建与使用方法
- 掌握方法的定义方法和 return 关键字
- 了解并掌握构造方法的作用及定义方法
- 了解访问器方法和 this 关键字的使用
- 了解包的概念,能够使用包来管理和使用类

面向对象程序设计是 Java 语言的核心,在这里可以了解到 Java 中类的定义方法、对象的创建和使用、方法的定义、构造方法及访问器方法,以及 this 和 static 关键字的使用,还能够了解 Java 语言中用于解决命名冲突的包机制。

4.1 类与对象的基本概念

面向对象的编程(Object-Oriented Programming,OOP)是目前非常流行的一种编程模式,面向对象的编程语言有很多,如 Smalltalk、C++、C#、Java、Object-C、Python、Swift、Ruby、Perl 等。

面向对象是一种对现实世界进行理解和抽象的方法。面向对象程序设计是以对象为中心进行思考,将问题域中的实体抽象为对象,通过设计对象及对象之间的关联性实现具体的功能,这与传统的面向过程的编程思想完全不同。在面向对象程序设计中涉及的主要概念包括类、对象、继承、数据封装、多态性等。

类用于描述某一类事物的属性(状态)和行为,相当于一个模板,主要包含属性和方法的定义。属性用于对事物属性和状态的描述,例如可以定义一个学生类,学生的基本属性包括学号、姓名、出生日期、专业名称、班级、年级等。行为可以是事物本身具有的行为,也可以是对事物的操作。例如,学生具有学习、说话、走路、吃饭、睡觉等行为。对学生而言,有时需要获取或设置学生相关的信息,如获得该学生的姓名、年龄等,这些都可以定义为学生类中的行为。

对象是实际存在的该类事物的个体,具有具体的属性(状态)值。类与对象之间的关系可以描述为:类是用来定义对象的模板,可以创建一个类的多个实例,实例之间是相对独立的,同一个类的多个实例对象拥有相同的属性和方法,但是拥有不同的属性状态。创建一个类的实

例对象也被称为实例化。

面向对象程序设计的特点主要有以下几个。

(1) 封装性

封装性体现在,面向对象程序设计可以将对象的属性和方法进行封装并对外隐藏实现的细节,使用者只能通过开放的接口对其进行访问和使用,对使用者而言,对象就是一个黑盒,使用者不能直接存取对象的内部细节;另外,在对外公开的使用接口不发生变化的情况下修改类中具体的实现细节不影响外部使用。因此,封装性能够很好地保证对象内部数据的完整性和程序组件的可维护性。

(2) 继承性

类的继承是指可以在已有类的基础之上增加或修改某些属性或方法来定义新的类,被继承的类称为父类,派生出的新类称为子类。继承性使得类的定义可以复用,并且可以在已有的定义上不断地进行更新和升级而又不影响原来的类。

继承可以根据直接父类的数量分为单继承和多重继承。Java 中类的继承只允许有一个直接父类,属于单继承。

(3) 多态性

什么是多态?从字面上理解就是多种形态,即对同一个客体,可以有多种形式。具体到 Java 语言中的多态,其实就是同一引用变量调用同一个方法的时候,由于变量代表的对象不同而执行不同的方法实现(具有不同的功能表现)。Java 中多态的实现主要通过方法重载和方法覆盖来实现。

4.2 类的定义与使用

4.2.1 类的定义

类是对某类事物的抽象的描述。Java 中的类定义主要包括成员变量和成员方法的定义,其基本语法形式如下:

```
修饰符 class 类名{
成员变量的定义;
成员方法的定义;
}
```

比如,对于圆这个类可以描述如下:
类名:圆
属性:半径,浮点型
方法:
　　☆ getPerimeter()—计算圆的周长
　　☆ getArea()—计算圆的面积
下面使用 Java 语言定义这个类。

【例 4.1】 Circle 类的定义。

```
public class Circle {
    double radius;
        public double getArea() {
                return 3.14 * radius * radius;
        }
        public double getPerimeter() {
                return 2 * 3.14 * radius;
        }
}
```

成员变量的定义的语法形式较为简单：

数据类型 成员变量名称；

因为圆的半径可能为小数，因此定义为：

double radius；

方法定义的语法形式及方法将在下一节详细进行介绍。

类定义前面的修饰符可以是访问控制修饰符 public，也可以是非访问控制修饰符 final 或 abstract，这些关键字将在后面进行详细介绍。

4.2.2 对象的创建与使用

类的定义已经完成，对象的创建有时被称作类的实例化，因此，对象和实例在面向对象程序设计语言中指的是同一个事物。

Java 中创建对象使用 new 关键字，基本的语法形式为：

类名 变量名 = new 类的构造方法（）；

比如，创建上面的 Circle 类的对象：

Circle circle = new Circle();

在 Java 语言中，只要使用了 new 关键字，就存在内存空间的分配问题。上面这条语句的意思是：定义了一个 Circle 类型的变量，并创建了一个 Circle 类的实例对象赋值给该变量。内存中发生的事情可以用图 4.1 进行描述。

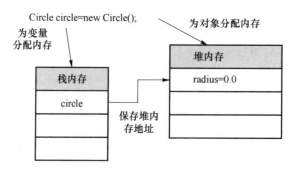

图 4.1　对象创建时的内存分配示意图

变量 circle 保存的是对象的地址,因此,该变量也被称为引用变量。变量就是它所代表的对象的名称,访问对象是通过引用变量 circle 进行访问的。

访问对象中的成员,使用成员运算符.。比如,将 circle 对象中的成员变量 radius 赋值为 2.0,就可以使用下面的语句:

```
circle.radius = 2.0;
```

调用 getArea 方法计算圆的面积:

```
double s = circle.getArea();
```

完整的程序代码如下所示。

【例 4.2】 Circle 类的定义与使用。

```java
public class Circle {
    private double radius;

    public double getRadius() {
            return radius;
    }

    public void setRadius(double radius) {
            this.radius = radius;
    }

    public double getArea() {
            return 3.14 * radius * radius;
    }

    public double getPerimeter() {
            return 2 * 3.14 * radius;
    }

    public static void main(String[] args) {
            Circle circle = new Circle();
            circle.radius = 2.0;
            double s = circle.getArea();
            System.out.println("radius:" + circle.radius);
            System.out.println("area:" + s);
    }
}
```

程序的运行结果为:

```
radius:2.0
area:11.56
```

4.3 方法的定义

Java 中的方法是能够解决某个问题或提供某项功能的语句的集合。方法在类中进行定义，通过对象或类进行访问。

4.3.1 方法的定义

方法定义的基本形式如下：

```
public static 返回类型方法名称([参数类型变量,......]){
    //    方法体代码;
        [return [返回值];]
}
```

方法可能包含以下组成部分。

(1) 修饰符：可选，告诉编译器如何调用该方法。

(2) 返回值类型：方法可能会返回值。returnValueType 是方法返回值的数据类型。有些方法执行所需的操作，但没有返回值。在这种情况下，returnValueType 是关键字 void。

(3) 方法名：是方法的实际名称。方法名和参数表共同构成方法签名。

(4) 参数：当方法被调用时，将传递值给参数。实际传递的值被称为实参，方法定义中的变量通常称为形参。参数列表是指方法的参数类型、顺序和参数的个数。参数是可选的，一个方法可以不包含任何参数。

(5) 方法体：方法体中包含实现该方法功能的具体语句。

例 4.3 的程序中定义了一个求取两个整数最大值的方法。方法有两个整型的参数，有一个整型的返回值。而且被定义为静态方法，可以直接通过类名进行访问。

【例 4.3】 方法的定义：求取两个整数的最大值。

```java
public class MethodDemo {
    public static int max(int n1, int n2) {
        int maxNumber;

        if(n1 > n2) {
            maxNumber = n1;
        }else {
            maxNumber = n2;
        }
        return maxNumber;
    }
}
```

如果方法没有返回值，方法的返回值类型就应该定义为 void：

```
public void printSomething(String message){
```

```
System.out.println("Message:" + message);
}
```

如果方法有返回值,需要注意以下几点。

(1) return 语句表达式值的类型与返回值类型要兼容。

(2) 方法中有条件语句时,需要保证无论在什么条件下一定要有返回值返回。

上述求两个整数最大值的方法定义也可以定义为如下形式,如果将 else 语句删除,就会有语法错误的提示,因为只有 $n_1 > n_2$ 条件成立才有返回值,不成立是没有返回值的,这是不允许的。

```
public static int max(int n1, int n2) {
    if(n1 > n2) {
        return n1;
    }else {
        return n2;
    }
}
```

(3) 如果返回值类型为 void,一般不使用 return 语句;如果需要在满足条件的时候结束方法调用,也可以使用 return 语句,但是 return 后面不能有任何表达式或值,即

```
return;
```

4.3.2 方法的参数传递

方法的参数传递可以分为按值传递和按址传递。

(1) 按值传递

在下面类的定义中,定义了一个方法 swap,将两个参数的值进行交换。在 main()方法中,我们试图通过调用 swap 方法将 n_1、n_2 两个变量的值进行交换。

【例 4.4】 参数的值传递。

```
public class PassValueDemo {
    public void swap(int num1, int num2) {
        int tmp;
        tmp = num1;
        num1 = num2;
        num2 = num1;
    }

    public static void main(String[] args) {
        int n1 = 20;
        int n2 = 50;
        PassValueDemo pv = new PassValueDemo();
        pv.swap(n1,n2);
        System.out.println("n1 = " + n1);
```

```
        System.out.println("n2 = " + n2);
    }
}
```

程序的运行结果为:

n1 = 20

n2 = 50

从中可以看出,两个变量的值没有发生变化。这是因为,在进行方法调用时,实参 n_1、n_2 的值分别传递给了方法的参数 num1 和 num2,方法仅仅是将参变量 num1 和 num2 的值进行了交换,对于外部的实参 n_1 和 n_2 没有任何影响。

方法中的形式参数相当于方法中定义的局部变量,方法调用结束时,参变量也就被释放了。

(2) 按址传递

下面类的定义中定义了一个 change 方法,有一个类型为 PassRefDemo 的参数,方法的主要功能是将参数 pr 中的成员变量 x 赋值为 35。在主程序中,通过调用该方法来改变 obj 中 x 的值。

【例 4.5】 参数的按址传递。

```
public class PassRefDemo
{
        int x;

        public void change(PassRefDemo pr)
        {
            pr.x = 35;
        }

        public static void main(String[] args)
        {
            PassRefDemo obj = new PassRefDemo();
            obj.x = 5;
            obj.change(obj);
            System.out.println("obj.x = " + obj.x);
        }
}
```

程序的运行结果如下:

obj.x = 35

因为 change 方法的参数是引用类型的参数,传递的是 obj 对象的地址,因此,在 change() 方法内部的语句"pr.x=35;"是对 obj 中的成员变量 x 进行了赋值。因此,我们常常在程序中使用引用类型的参数来携带方法的执行结果。

4.3.3 方法的变长参数

从 JDK 1.5 之后,Java 就提供了变长参数,在定义方法时,可以使用不确定个数的参数。例如,现在定义一个方法用于求取若干整数的和,由于不知道调用时传递的参数个数,因此可以使用变长参数。

【例 4.6】 方法定义中变长参数的使用。

```java
public class VariableArgsDemo {
    public static int sum(int... numbers) {
            int sum = 0;
            for(int number: numbers) {
                sum = sum + number;
            }
            return sum;
    }

    public static void main(String[] args) {
            int s1 = sum(1,2,3,4);
            int s2 = sum(20,30);

            System.out.println("s1 = " + s1);
            System.out.println("s2 = " + s2);
    }
}
```

程序运行结果为:

s1 = 10
s2 = 50

4.4 方法重载

Java 中的方法重载,是指在类中可以定义多个方法,这些方法具有相同的名字,但具有不同的参数列表和不同的定义。通过调用方法时传递给它们的不同参数个数和参数类型来决定具体使用哪个方法,这也是 Java 多态性的一个体现。

方法重载的基本原则包括:

(1) 方法名称必须相同;

(2) 参数列表必须不同(个数不同、类型不同、参数排列顺序不同等);

(3) 方法的返回类型可以相同也可以不相同;

(4) 仅仅返回类型不同不是方法重载。

下面的程序重载了 add() 方法,提供了该方法的三种重载形式,它们具有相同的方法名和不同的参数列表。

【例 4.7】 方法重载。

```java
public class MethodOverloadingDemo {
    public int add(int x, int y) {
        return x + y;
    }

    public int add(int x, int y, int z) {
        return x + y + z;
    }

    public double add(double x, double y) {
        return x + y;
    }

    public static void main(String[] args) {
        MethodOverloadingDemo demo = new MethodOverloadingDemo();
        int s1 = demo.add(2, 3);
        double s2 = demo.add(2.3, 3.4);
        int s3 = demo.add(4, 5, 6);

        System.out.println("s1 = " + s1);
        System.out.printf("s2 = %3.1f\n", s2);
        System.out.println("s3 = " + s3);
    }
}
```

程序的运行结果如下：

```
s1 = 5
s2 = 4.7
s3 = 15
```

在调用过程中，当方法名称相同时，编译器会根据调用方法的参数个数、参数类型等信息逐个匹配，以选择对应的方法，如果匹配失败，则编译器报错。

方法重载既可以是在同一个类中，也可以发生在继承过程中；在子类中对父类中的方法进行重载。

4.5 构造方法

Java 中的构造方法用于初始化对象，将对象中的成员变量赋予合适的初始值，因此构造方法不需要返回类型。

Java 中的构造方法必须满足以下语法规则：

(1) 方法名必须与类名相同；

(2) 无返回类型；

(3) 不能被 static、final、synchronized、abstract 和 native 修饰；

(4) 构造方法不能被子类继承，不需要使用 final 和 abstract 这样的修饰符。

一个类如果没有定义任何构造方法，系统会自动添加一个默认构造方法。在 Java 语言中，无参构造方法被称为默认构造方法。

```java
public class Student {
    String name; //姓名
    int age; //年龄
    String sex; //性别
    String major;//专业

    public static void main(String[] args) {
        Student stu = new Student();
    }
}
```

这里没有定义任何构造方法，但仍然可以使用下面的语句来创建 Student 类的实例对象：

```java
Student stu = new Student();
```

上面 Student 类的定义等同于下面的定义形式：

```java
public class Student {
    String name; //姓名
    int age; //年龄
    String sex; //性别
    String major;//专业

    public Student() {}
    public static void main(String[] args) {
        Student stu = new Student();
    }
}
```

这里定义了一个 Student 类，用于描述学生的相关信息，同时为该类定义了一个构造方法，为 Student 类中的成员变量进行初始化。

【例 4.8】 构造方法的定义。

```java
class Student{
    String name; //姓名
    int age;     //年龄
    String sex;  //性别
    String major;//专业
    public Student(String name,int age, String sex, String major) {
        this.name = name;
```

```java
            this.age = age;
            this.sex = sex;
            this.major = major;
        }
    }

    public class ConstructorDemo {
        public static void main(String[] args) {
            Student stu = new Student("Zhang san", 23, "Male","Soft Engineering");
        }
    }
```

在创建对象时,可以调用构造方法创建对象:

```
Student stu = new Student("Zhang san", 23, "Male","Soft Engineering");
```

构造方法也可以重载,因为创建对象时的初始条件可能不一样,因此可以为一个类提供多种形式的构造方法,以满足不同条件下创建对象的需求。

下面的程序对 Student 类提供了多种形式的构造方法的重载。

【例 4.9】 构造方法的重载。

```java
class Student{
    String name; //姓名
    int age;     //年龄
    String sex;  //性别
    String major;//专业
    public Student(String name, int age, String sex, String major) {
            this.name = name;
            this.age = age;
            this.sex = sex;
            this.major = major;
    }

    public Student(String name) {
        this.name = name;
    }

    public Student(String name, int age) {
        this.name = name;
        this.age = age;
    }
}

public class ConstructorDemo {
```

```java
    public static void main(String[] args) {
        Student stu = new Student("Zhang San", 23, "Male","Soft Engineering");
        Student stu1 = new Student("Wang Fan");
        Student stu2 = new Student("Li Feng",18);
    }
}
```

但是,如果现在我们不知道学生的任何信息,希望像之前一样使用默认构造方法创建 Student 类的实例对象:

Student stu3 = new Student();

在 Eclipse 就会出现如图 4.2 所示错误信息:

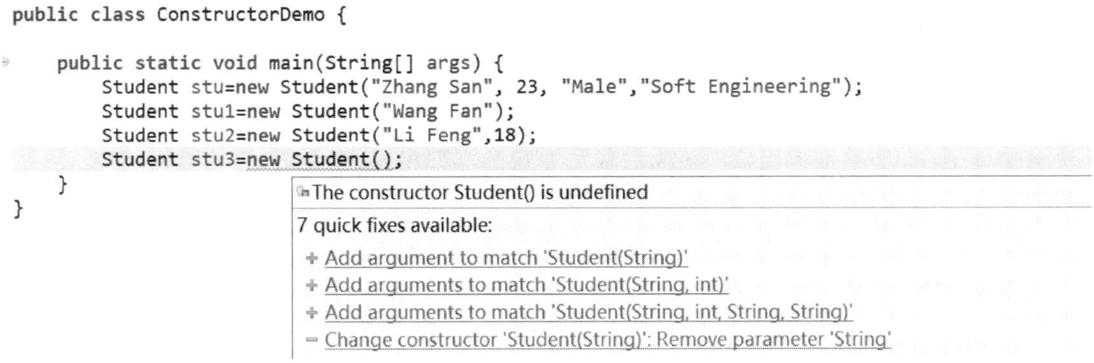

```java
public class ConstructorDemo {
    public static void main(String[] args) {
        Student stu=new Student("Zhang San", 23, "Male","Soft Engineering");
        Student stu1=new Student("Wang Fan");
        Student stu2=new Student("Li Feng",18);
        Student stu3=new Student();
    }
}
```

The constructor Student() is undefined
7 quick fixes available:
  Add argument to match 'Student(String)'
  Add arguments to match 'Student(String, int)'
  Add arguments to match 'Student(String, int, String, String)'
  Change constructor 'Student(String)': Remove parameter 'String'

图 4.2　错误提示

这表明,如果已经定义了某种形式的构造方法,但是没有定义默认构造方法,系统不会自动为其添加一个默认构造方法的定义。

4.6　访问器方法与 this 关键字

封装是面向对象程序设计的特点之一,封装能够很好地隐藏实现细节,对内部的信息提供保护。在定义类的成员变量的时候,一般建议定义为私有的,即使用 private 进行修饰。

4.6.1　访问器方法

在下面 Circle 类的定义中,成员变量 radius 就可以使用 private 关键字将其定义为私有属性,这样 radius 属性只能在 Circle 类中使用,其他类不可以直接使用。

```java
public class Circle {
    private double radius;
    public double getArea() {
        return 3.14 * radius * radius;
    }
}
```

如果在其他类中使用它,就会提示该属性不可见的错误,如图 4.3 所示。

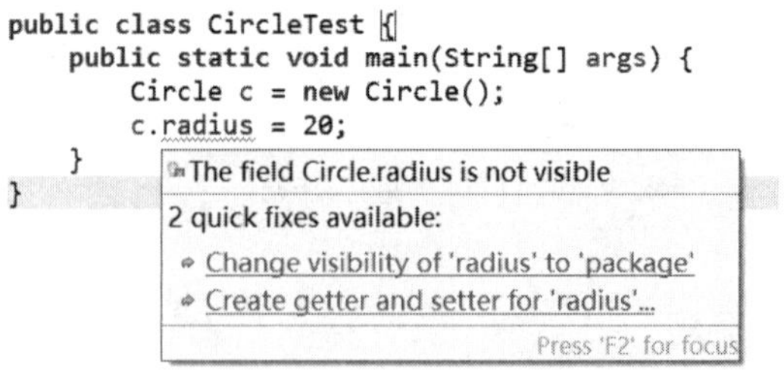

```
public class CircleTest {
    public static void main(String[] args) {
        Circle c = new Circle();
        c.radius = 20;
    }
}
```

The field Circle.radius is not visible
2 quick fixes available:
- Change visibility of 'radius' to 'package'
- Create getter and setter for 'radius'...

Press 'F2' for focus

图 4.3 属性不可见错误

Java 语言的 getter、setter 访问器方法可以为成员变量提供读写服务。getter()方法用于获取成员变量的值,setter 方法用于设置成员变量的值。

访问器方法定义的基本规则如下:

(1) 方法名为 set/get＋属性名;

(2) setter()方法的返回值类型一般为 void,参数类型为与成员变量的类型相同,方法将参数的值赋值给相应的成员变量;

(3) getter()方法的返回值一般为与成员变量的类型相同,无参数,方法返回相应成员变量的值。

例 4.10 为上面 Circle 类中的属性 radius 定义访问器方法。

【例 4.10】 定义访问器方法。

```java
public class Circle {
    private double radius;
    public double getRadius() {
        return radius;
    }

    public void setRadius(double radius) {
        this.radius = radius;
    }

    public double getArea() {
        return 3.14 * radius * radius;
    }
}
```

这样,就可以通过 getRadius()方法获取圆的半径,也可以通过 setRadius()方法设置圆的半径。当然,getter 和 setter 方法是可选的,可以根据需要提供。如果属性是只读的,那么只定义该属性的 getter()方法即可。

4.6.2 this 关键字

在上面的 getRadius()方法的定义中,使用了一个关键字 this。如果不使用 this 会发生什么情况呢?

```java
public class Circle {
    private double radius;

    public double getRadius() {
        return radius;
    }

    public void setRadius(double radius) {
        radius = radius;
    }

    public double getArea() {
        return 3.14 * radius * radius;
    }
}
public class CircleTest {
    public static void main(String[] args) {
        Circle c = new Circle();
        c.setRadius(1.0);
        double area = c.getArea();
        System.out.println(area);
    }
}
```

程序运行结果为:0.0。

这就意味着"c.setRadius(1.0);"语句没有起到任何作用。代码中的"radius = radius;"其实是把方法的参数值赋值给参数本身,对于成员变量 radius 没有任何影响。在这种情况下,就需要使用 this 关键字:

this.radius = radius;

表示将参数 radius 的值赋值给当前对象的成员变量 radius。

this 关键字的主要用法有如下几种:

(1) 使用 this 调用本类中的属性,也就是类中的成员变量;
(2) 使用 this 调用本类中的其他方法;
(3) 使用 this 调用本类的其他构造方法,调用时要放在构造方法的首行。

【例 4.11】 构造方法的调用。

```java
public class Student {
    String name; //姓名
    int age; //年龄
    String sex; //性别
    String major;//专业
```

```
        public Student() {}
        public Student(String name) {
                this.name = name;
        }
        public Student(String name, int age) {
                this(name);
                this.age = age;
        }
        public static void main(String[] args) {
                Student stu = new Student();
        }
}
```

在上面的 Student 类的定义中,带有两个参数的构造方法使用 this 关键字调用了当前类带有一个字符串参数的构造方法。

4.7 静态成员

在 Java 语言中,使用 static 定义静态成员。static 可以用于修饰成员变量和成员方法,也可以用于定义静态代码块。

被 static 修饰的成员变量和成员方法独立于该类的任何对象,它不依赖类的特定实例对象,能够被类的所有实例共享。此外,只要这个类被加载,Java 虚拟机就能根据类名在运行时数据区的方法区内找到它们。因此,静态成员可以在它的任何对象创建之前对它们进行访问,无须通过任何对象来进行调用。

(1) 静态变量

按照是否有 static 修饰可以将成员变量分为两种:一种是被 static 修饰的变量,称为静态变量;另一种是没有被 static 修饰的变量,称为实例变量。

实例变量只能通过类的实例对象来进行访问。静态变量可以通过实例对象进行访问,也可以直接通过类名进行访问。

一般在下面两种情形下需要将成员变量定义为静态成员变量:

① 对象之间需要共享数据;

② 方便访问变量。

下面的例子是利用静态成员变量对实例对象的创建数量进行统计。

【例 4.12】 定义与使用静态成员变量。

```
class A
{
        private static int count = 0;
        public A()
        {
                count = count + 1;
        }
```

```java
public static void main(String[] args) {
    A a1 = new A();
    A a2 = new A();
    System.out.println("A.count = " + A.count);
    System.out.println("a1.count = " + a1.count);
    System.out.println("a2.count = " + a2.count);
}
}
```

从上述程序代码中可以看出,静态成员既可以通过类名进行访问,也可以通过实例对象进行访问。程序运行结果为:

A.count = 2
a1.count = 2
a2.count = 2

很明显,这里的 count 是类 A 所有对象共享的一个成员变量,不依赖于任何对象。

(2) 静态方法

使用 static 修饰的方法称为静态方法。静态方法可以直接通过类名调用,也可以通过实例对象进行调用。

【例 4.13】 定义与使用静态方法。

```java
public class StaticClass {
    public static String str1 = "static string";
    public String str2 = "instance string";

    public static void method1() {
        System.out.println("It is a static method");
    }

    public void method2() {
        System.out.println("It is a instance method");
    }

    public static void main(String[] args) {
        StaticClass.method1();
        StaticClass sc = new StaticClass();
        sc.method1();
        sc.method2();
    }
}
```

上述类的定义中有一个静态成员变量、一个静态成员方法、一个实例变量和一个非静态方法。静态方法可以通过类名直接进行访问:

```
StaticClass.method1();
```

也可以通过实例对象进行访问：

```
StaticClass sc = new StaticClass();
    sc.method1();
```

非静态方法只能通过实例对象进行访问，如果试图通过类名来访问非静态方法，则会提示错误（如图4.4所示）。

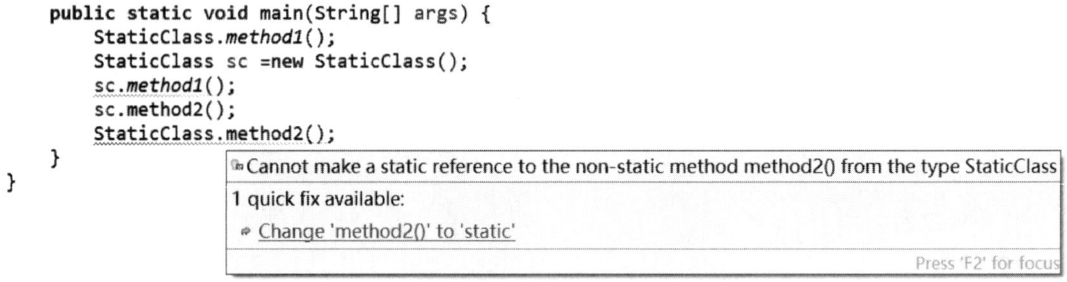

```
public static void main(String[] args) {
    StaticClass.method1();
    StaticClass sc =new StaticClass();
    sc.method1();
    sc.method2();
    StaticClass.method2();
}
```

> Cannot make a static reference to the non-static method method2() from the type StaticClass
> 1 quick fix available:
> • Change 'method2()' to 'static'
> Press 'F2' for focus

图4.4　静态方法调用非静态成员的错误提示

定义静态方法时需要注意以下几个方面：
① 静态方法中只能调用同类中的其他静态成员（变量和方法）；
② 静态方法中不能访问类中的非静态成员；
③ 静态方法中不能以任何方式使用 this 和 super 关键字。

（3）静态代码块

使用 static 修饰的代码块称为静态代码块。静态代码块不包含在任何方法体中，当类被载入时执行静态代码块，且只执行一次，静态代码块经常用来进行类属性的初始化。

下面的程序使用静态代码块对静态成员变量 no 进行了初始化，并且打印输出一段文字信息。

【例4.14】　定义与使用静态代码块。

```
public class StaticBlockDemo {
    static int no;
    static {
            no = 214;
            System.out.println("Static block is executed.");
    }
    public static void main(String[] args) {
        System.out.println("no = " + StaticBlockDemo.no);
    StaticBlockDemo.no = 456;
    System.out.println("no = " + StaticBlockDemo.no);
    }
}
```

程序运行结果如下：

```
Static block is executed.
no = 214
no = 456
```

从以上例子中可以看出,静态代码块仅仅运行了一次,即类在第一次被使用的时候执行了静态代码块中的代码。

4.8 对象的初始化顺序

对象在创建的时候,需要对对象中的成员变量进行初始化,其初始化是按照一定的规则和顺序来进行的。接下来,通过下面的程序来了解一下对象的初始化过程。

【例 4.15】 对象初始化。

```
class A {
    A(int num) {
        System.out.println("A num = " + num);
    }
}


class B {
    A a1 = new A(1);
    static A a2 = new A(2);
    A a3 = new A(3);
    static A a4 = new A(4);

    B() {
        System.out.println("B's constructor");
    }
}


public class InitializationTest {
    A a10 = new A(10);
    static A a11 = new A(11);
    public static void main(String[] args) {
        B b1 = new B();
    }
}
```

程序的运行结果如下:

```
A num = 11
A num = 2
A num = 4
A num = 1
```

A num = 3

B's constructor

通过程序的输出,我们可以看到,当主类 InitializationTest 被加载之后,InitializationTest 类中的静态成员 a11 将被初始化,产生输出:A num=11。

接下来执行 main()方法中的代码:

B b1 = new B();

创建类 B 对象的时候先对类 B 中的两个静态成员 a2 和 a4 进行初始化,产生输出:

A num = 2

A num = 4

然后是非静态成员进行初始化,产生输出:

A num = 1

A num = 3

最后调用类 B 的构造方法,产生输出:

B's constructor

因此,对象初始化的顺序为:静态成员初始化→非静态成员初始化→构造方法调用。静态成员和非静态成员的初始化顺序是与定义顺序相同。

4.9 包和 import 语句

项目开发过程中需要定义的类有很多,尤其是多个团队开发或者使用第三方类库的时候会出现类名重复的问题。Java 语言中使用包来处理类名的冲突问题。

4.9.1 包

包主要用于解决命名冲突,提供类的多层命名空间,使得同名的类可以在不同的包中共存。同一个包中类的名字必须是不同的,不同的包中类的名字可以相同,当同时调用两个不同包中相同类名的类时,必须加上包名加以区分,因此,使用包可以避免命名冲突。

当然,包还有另外一个作用:访问控制。包也限定了访问权限,拥有包访问权限的类才能访问某个包中的类。

包的定义形式为:

package 包名;

例如:

```
package initialization;
class A {
    A(int num) {
            System.out.println("A num = " + num);
    }
}
```

现在类 A 属于 initialization 这个包，A 的全称就是 initialization.A。

如果使用命令行对该类进行编译的话，就需要使用参数-d，这样编译时才会产生包对应的目录结构，如图 4.5 所示。

```
D:\>javac -d . InitializationTest.java
```

图 4.5　调用 Java 命令

编译完成后，可以发现在 d:\下面新建了一个目录 initialization，如图 4.6 所示。

```
D:\>dir i*
 驱动器 D 中的卷没有标签。
 卷的序列号是 DADD-8717

 D:\ 的目录

2018/12/19  16:56    <DIR>          initialization
2018/12/19  16:55               420 InitializationTest.java
               1 个文件            420 字节
               1 个目录 66,050,084,864 可用字节
```

图 4.6　查看文件与目录

并将编译后的字节码文件(.class 文件)放置在该目录中，如图 4.7 所示。

```
D:\>cd initialization

D:\initialization>dir
 驱动器 D 中的卷没有标签。
 卷的序列号是 DADD-8717

 D:\initialization 的目录

2018/12/19  16:56    <DIR>          .
2018/12/19  16:56    <DIR>          ..
2018/12/19  16:56               577 A.class
2018/12/19  16:56               636 B.class
2018/12/19  16:56               522 InitializationTest.class
               3 个文件          1,735 字节
               2 个目录 66,050,084,864 可用字节
```

图 4.7　进入包目录查看文件

使用 Java 命令运行的时候就需要指定包含包名在内的类的全称，如图 4.8 所示。

```
D:\>java initialization.InitializationTest
A num=11
A num=2
A num=4
A num=1
A num=3
B's constructor
```

图 4.8　程序运行情况

包声明应该在源文件的第一行，每个源文件只能有一个包声明。如果一个源文件中没有包的声明，那么其中定义的类、接口、注解等类型将被放在一个无名包(也称为默认包)中。

4.9.2　import 语句

为了能够使用某一个包中定义的类和接口，就需要在 Java 程序中明确导入该包，在 Java 语言中使用的是 import 语句。在 Java 源文件中 import 语句应位于 package 语句之后，类的定义之前，可以没有，也可以有多条，其基本的语法格式为：

import package1[.package2…].(classname|*);

比如,下面的语句就是用来导入 java.util 包中的 ArrayList 类:

import java.util.ArrayList;

如果一个类想要使用自己所属包中的另一个类,包名可以省略。

下面的 Circle 类定义在 com.test.entity 包中,如果在其他包中使用,就需要导入。

【例 4.16】 包的定义。

```java
packagecom.test.entity;

public class Circle {
        private double radius;

    public double getRadius() {
            return radius;
    }

    public void setRadius(double radius) {
            this.radius = radius;
    }

    public double getArea() {
            return 3.14 * radius * radius;
    }
}
```

在下面的 CircleTest 类中使用时,就需要使用 import 语句导入 Circle 类。

【例 4.17】 import 语句的使用。

```java
import com.test.entity.Circle;

public class CircleTest {
    public static void main(String[] args) {
            Circle c = new Circle();
    }
}
```

在使用 import 语句时需要注意以下几点。

(1) 可以使用通配符。比如,"import java.util.*;"语句将导入 java.util 包中所有的类和接口,但是不包括子包中的内容。

(2) 使用通配符有时会产生命名冲突。比如:

```java
import java.util.*;
import java.sql.*;
```

但是这两个包中都含有一个 Date 类的定义,在使用时就需要写上完整的类名:

```
new java.sql.Date();
```

习 题

1. 单选题

(1) 下列方法定义中,不正确的是(　　)。

A. float x(int a,int b) { return (a－b); }

B. int　　x(int a,int b) { return a－b; }

C. int　　x(int a,int b); { return a * b; }

D. int　　x(int a,int b) { return 1.2 * (a＋b); }

(2) 在某个类中存在方法:void getSort(int x),以下能作为这个方法的重载声明的是(　　)。

A. public getSort(float x)　　　　　　B. int getSort(int y)

C. double getSort(int x,int y)　　　　D. void get(int x,int y)

(3) Java 语言的类间的继承关系是(　　)。

A. 多重的　　　　B. 单重的　　　　C. 线程的　　　　D. 不能继承

(4) 设 A 为已定义的类名,下列声明 A 类的对象 a 的语句中正确的是(　　)。

A. float A a;　　　　　　　　　　　　B. public A a＝A( );

C. A a＝new int( );　　　　　　　　　D. A a＝new A( );

2. 判断题

(1) 可以在构造方法中使用 this 关键字调用当前类其他形式的构造方法。(　　)

(2) import 语句通常出现在 package 语句之前。(　　)

(3) this 可以在所有的方法中使用。(　　)

(4) 一个类中如果没有定义构造方法,那么这个类就没有构造方法。(　　)

(5) 静态方法只能通过类来访问。(　　)

(6) static 关键字可以修饰成员变量,也可以修饰局部变量。(　　)

(7) 对象是类的实例。(　　)

(8) Java 的源代码中定义几个类,编译结果就生成几个以".class"后缀的字节码。(　　)

(9) 构造方法没有返回值,返回值类型应定义为 void。(　　)

(10) 定义类时可以不定义构造方法,所以构造方法不是必需的。(　　)

3. 编程题

(1) 编写一个类,描述银行账户,包括收入、支出和账户余额三种属性,同时包括对这三种属性的读、写的访问器方法,这三种属性都定义为私有的。该类定义的银行账户还能够通过自己的收入和支出自动计算账户余额。对于账户余额只能读取,自动计算,不能够直接赋值,也就是不能够写。编写一个测试类,输入收入和支出项,打印账户余额。

(2) 设计一个关于三角形的类 Triangle,其中的属性包括三角形的底 baseLength 和三角形的高 height,方法包括:默认构造方法、为底(baseLength)和高(height)指定初值的构造方法,以及获取三角形面积的方法 findArea(),创建测试类,创建 Triangle 的对象并设置底和高,计算并打印输出三角形的面积。

（3）定义 Point 类,要求如下。

Point 类的属性如下。

- x,表示 x 坐标(double 类型)。
- y,表示 y 坐标(double 类型)。

Point 类的方法如下。

- 构造方法 Point(),它有两个参数,分别用来接收该点的 x 坐标和 y 坐标。
- getX()和 getY()方法,用于分别获取点的 x 坐标和 y 坐标。
- toString(),不接收任何参数,返回关于该点当前坐标的字符串,形式为:(12.0,13.0)。
- getDistanceFrom()方法,用于计算并返回当前点与另一个点的绝对距离,另一个点作为该方法的参数。在程序中,求数 n 的平方根可以使用 Math 类的静态方法 sqrt(),调用形式为:Math.sqrt(n),得到的是一个 double 类型的数 n 的平方根。
- 定义 Point 类的测试类,对类中的属性和方法进行测试。

第 5 章 文本处理和包装类

学习目标

- 了解包装类的作用
- 使用包装类为基本类型值创建对象
- 使用基本类型与包装类类型之间的自动转换来简化程序设计
- 学习使用 StringBuilder 类来处理可以改变的字符串
- 了解字符串分词类 StringTokenizer 类的使用

文本是程序经常处理的对象，如果处理不好就会影响程序的运行效率。前面的章节介绍了字符串类 String 类，String 类可以处理不可改变的字符串。在本章介绍另外一种比较常见的字符串处理类，即 StringBuilder 类，该类可以提供对可变字符串的处理。基本数据类型值不是对象，但是可以使用 Java API 中的包装类来包装成一个对象。

5.1 包装类介绍

出于对性能的考虑，在 Java 中基本数据类型不作为对象使用，因为处理对象需要额外的系统开销。然而，Java 中的许多方法需要将对象作为参数。Java 提供一种方便的方法，即将基本数据类型包装成对象，如将 int 包装成 Integer 类，将 double 包装成 Double 类，将 char 包装成 Character 类。通过使用包装类，可以将基本数据类型值作为对象处理。Java 在 java.lang 包里提供 Boolean、Character、Double、Float、Byte、Short、Integer 和 Long 等包装类。表 5.1 显示了基本数据类型和包装类之间的对应关系。

表 5.1 基本类型对应的包装类

基本类型	包装类
boolean	Boolean
byte	Byte
short	Short
int	Integer
long	Long
float	Float
double	Double
char	Character

可以看到，除了 int 和 char 两者的包装类名变化有些大以外，其余六种基本类型对应的包装类名，都是大写了首字母而已。

包装类没有无参构造方法。所有包装类的实例都是不可变的,这意味着一旦创建对象后,它们的内部值就不能再改变。

5.2 Character 类的使用

基本数据类型 char 类型可以定义单个字符、字符数组,如:

```
char ch = 'a';                          //定义单个字符
char uniChar = '\u039A';                //Unicode 字符表示形式
char[] charArray = {'a','b','c','d','e'};  //定义字符数组
```

然而,在实际开发过程中,我们经常会遇到需要使用对象,而不是内置数据类型的情况。为了解决这个问题,Java 语言为内置数据类型 char 提供了包装类 Character 类。可以使用 Character 的构造方法创建一个 Character 类对象,Character 类也提供了一系列方法来操纵字符。

5.2.1 Character 类的构造方法

构造方法:public Character(char value)构造一个新分配的 Character 对象,用以表示指定的 char 值。

【例 5.1】 Character 类构造方法 Character(char value)使用示例。

```
public class CharacterDemo1 {
  public static void main(String[] args) {
        Character ch1 = new Character((char)97);
    Character ch2 = new Character('a');
    System.out.println("ch:" + ch1);
    System.out.println("ch:" + ch2);
      }
}
```

程序输出结果如图 5.1 所示。

图 5.1 Character 类对象输出结果

5.2.2 Character 类的方法

表 5.2 所示是 Character 类的常用方法。

表 5.2 Character 类的常用方法

序号	方法	描述
1	isLetter()	是否是一个字母
2	isDigit()	是否是一个数字字符
3	isWhitespace()	是否是一个空白字符
4	isUpperCase()	是否是大写字母
5	isLowerCase()	是否是小写字母
6	toUpperCase()	指定字母的大写形式
7	toLowerCase()	指定字母的小写形式
8	toString()	返回字符的字符串形式

1. isLetter()方法

该方法用于判断指定字符是否为字母。如果是字母返回值为 true,否则返回 false。

【例 5.2】 Character 类 isLetter()方法使用示例。

```
public class TestisLetter {
    public static void main(String[] args) {
        System.out.println(Character.isLetter('C'));
        System.out.println(Character.isLetter('5'));

    }
}
```

程序输出结果如图 5.2 所示。

图 5.2 输出是否是字母

2. isUpperCase()方法

该方法用于判断指定字符是否为大写字母。如果字符为大写,则返回 true;否则返回

83

false。

【例5.3】 Character类isUpperCase()方法使用示例。

```java
public class TestUpperCase {
    public static void main(String[] args) {
        System.out.println(Character.isUpperCase('C'));
        System.out.println(Character.isUpperCase('c'));
    }
}
```

程序输出结果如图5.3所示。

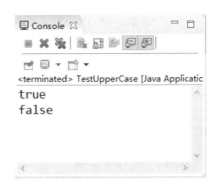

图5.3 输出字母是大写还是小写

【例5.4】 统计一个字符串中大写字母字符、小写字母字符、数字字符出现的次数(不考虑其他字符)。

```java
import java.util.Scanner;
public class CharacterDemo03 {
    public static void main(String[] args) {
        //定义三个统计变量
        int bigCount = 0;
        int smallCount = 0;
        int numberCount = 0;
        System.out.println("请输入一个字符串:");
        Scanner sc = new Scanner(System.in);
        String line = sc.nextLine();
        char[] ch = line.toCharArray();
        for(int i = 0; i < ch.length; i++){
            if (Character.isUpperCase(ch[i]))
                bigCount++;
            else if(Character.isLowerCase(ch[i]))
                smallCount++;
            else if(Character.isDigit(ch[i]))
                numberCount++;
        }
        //输出结果
```

```
            System.out.println("大写字母:" + bigCount + "个");
            System.out.println("小写字母:" + smallCount + "个");
            System.out.println("数字字符:" + numberCount + "个");
            sc.close();
        }

}
```

程序输出结果如图 5.4 所示。

图 5.4　统计大小写字母及数字个数

3. Character 类转换字符大小写的方法

【例 5.5】　Character 类转换字符大小写的方法使用示例。

```
public class CharacterDemo4 {
    public static void main(String[] args) {
        //把字符转换成小写
        System.out.println("toLowerCase:" + Character.toLowerCase('A'));
        System.out.println("toLowerCase:" + Character.toLowerCase('a'));
        System.out.println("--------------------------");
        //把字符转换成大写
        System.out.println("toUpperCase:" + Character.toUpperCase('a'));
        System.out.println("toUpperCase:" + Character.toUpperCase('A'));
    }
}
```

程序输出结果如图 5.5 所示。

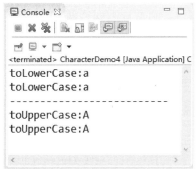

图 5.5　转换字母大小写

5.3 StringBuilder 类

StringBuilder 类类似于 String 类,区别在于 String 类是不可改变的。一般来说,使用字符串的地方都可以使用 StringBuilder 类。StringBuilder 类比 String 类更灵活,可以给一个 StringBuilder 类添加、插入或追加新的内容,而 String 对象一旦创建,它的值就确定了。

StringBuilder 类有 3 个构造方法,分别用来创建不同的字符串对象,还有 30 多个用于管理和修改字符串对象的方法。

5.3.1 创建可变字符串类

(1) StringBuilder():构建一个容量为 16 的空字符串。
(2) StringBuilder(capacity:int):构建一个指定容量的字符串。
(3) StringBuilder(s:String):构建一个指定的字符串。

5.3.2 StringBuilder 类设置和获取属性的方法

StringBuilder 类设置和获取属性的常用方法如图 5.6 所示。

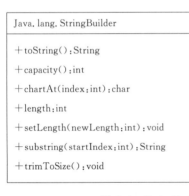

图 5.6 StringBuilder 类包含的设置和获取属性的方法

StringBuilder 类型的字符串都有一个空间,具备一定容量用来存放字符串。若是字符串的长度很长,空间已经无法放得下字符串,那么该空间的容量会自动变大。

StringBuilder 类有两个获取字符串长度的方法:length() 和 capacity(),其中 length() 返回的是实际存放的字符数目,capacity() 返回的是内置字符数组的长度。此外,StringBuilder 类也提供返回指定下标位置方法:chartAt(index:int),以及设置字符串长度的方法:setLength(newLength:int) 等。下面对部分方法的使用进行演示说明。

1. 输出字符串实际长度和容量

【例 5.6】 输出字符串实际长度和容量示例。

```
public class StringLength {
    public static void main(String[] args) {
        StringBuilder sb = new StringBuilder();
        sb.append("hello");
```

```
            System.out.println(sb.length());
            System.out.println(sb.capacity());
        sb.trimToSize();
            System.out.println(sb.length());
            System.out.println(sb.capacity());
    }
}
```

程序的运行效果如图 5.7 所示。

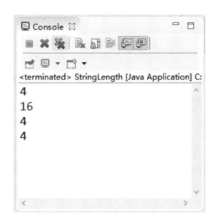

图 5.7 字符串长度和容量

程序运行结果第一行显示字符串"java"实际的长度,第二行显示 StringBuilder 类对象的容量大小,上节讲过在创建一个无参的 StringBuilder 类对象时,默认的容量大小为 16。然后程序中通过 trimToSize()方法将存储空间大小减小到实际大小,所以在程序输出结果中第三行和第四行输出的值是一样的,都是字符串"java"的实际大小 4。

2. 返回指定下标位置的字符

【例 5.7】 在项目中创建 StringIndex 类,输出字符串中索引为偶数的字符。

```
public class StringIndex1 {
    public static void main(String[] args) {
        StringBuilder message = new StringBuilder("hello happy new year");
        System.out.println(message + "的奇数索引字符:");
        for(int i = 0;i < message.length();i++) {
            if(i%2 == 0) {
                System.out.print(message.charAt(i) + "");
            }
        }
    }
}
```

程序的运行效果如图 5.8 所示。

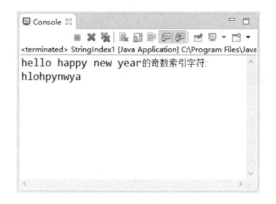

图 5.8 获得指定索引处字符

5.3.3 StringBuilder 类修改字符串的方法

StringBuilder 类提供对字符串末尾进行追加内容,在指定位置插入新内容和删除、替换字符串的方法,如图 5.9 所示。

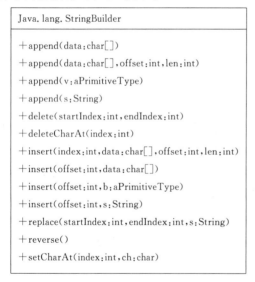

图 5.9 StringBuilder 类包含的修改字符串的方法

1. 追加字符串

【例 5.8】 在项目中创建 StringAppend 类,将四个字符串:"hello""how""are""you"合并成一个字符串。

```
public class StringAppend {
    public static void main(String[] args) {
        String str1 = "Hello";
        String str2 = " how";
        String str3 = " are";
        String str4 = " you!";
        StringBuilder str = new StringBuilder();
```

```
        str.append(str1).append(str2);
        str.append(str3);
        str.append(str4);
        System.out.println(str);

    }
}
```

程序的运行效果如图5.10所示。

图5.10 追加字符串

与String类通过＋号来拼接字符串不同,通过StringBuilder对象调用append()方法拼接字符串,这样做的好处就是内部不会产生临时的字符串对象。调用append()方法可以在一句代码中多次使用,也可以一句中使用一次,就像上面代码演示的那样,StringBuilder的对象会自动按照拼接的顺序给字符串排序拼接。

2. 删除指定位置的字符串

【例5.9】 在项目中创建StringDelete类,输出删除6~9位置字符的字符串。

```
public class StringDelete {
        public static void main(String[] args) {
            StringBuilder message = new StringBuilder("hello everyone");
            System.out.println(message + "删除6-9字符后:");
            message.delete(6,10);
            System.out.print(message);
        }
}
```

程序的运行效果如图5.11所示。

注意:删除字符串中6~9的字符,在delete(6,10)中设置的起始位置为6,结束位置为10。

3. 倒置字符串

【例5.10】 在项目中创建StringReverse类,将输入的字符串倒置。

图5.11 输出删除6~9处字符的字符串

```
import java.util.Scanner;
public class StringIndex1 {
    public static void main(String[] args) {
        Scanner input = new Scanner(System.in);
        String str = input.nextLine();
        StringBuilder messageBefore = new StringBuilder(str);
        StringBuilder messageAfter = messageBefore.reverse();
        System.out.println(messageAfter);
    }
}
```

程序的运行效果如图 5.12 所示。

图 5.12 输出字符串倒置后的结果

注意:如果一个字符串不需要任何修改,则建议使用 String,而不要使用 StringBuilder,因为 String 比 StringBuilder 更高效。

4. 在已有字符串的给定位置插入字符串

【例 5.11】 在项目中创建 StringInsert 类,在第 6 个字符处插入"haha",并将新字符串输出。

```
public class StringReverse {
    public static void main(String[] args) {
        StringBuilder str = new StringBuilder("hello, how are you");
        System.out.println("插入前输出:" + str);
        System.out.println("插入后输出:" + str.insert(6, "haha"));
    }
}
```

程序的运行效果如图 5.13 所示。

图 5.13 输出插入字符串后的结果

5.4 字符串分词

字符串类 String 类提供一个 split 方法,该方法可以分割 String 对象,返回 String 对象数组。每个数组元素都是一个词元。

例如:

```
//为分词创建一个字符串
String str = "one two three four";
//用空格来作为界定符来分割字符串
String[] tokens = str.split("");
//显示每个词元
for (String s : tokens)
System.out.println(s);
```

被分割的字符串是由一系列的词或者其他数据组成的,它们之间被空格或者其他字符分隔。词元之间的字符称为界定符。例如,字符串"17;92;81;12;46;5"包含 17、92、81、12、46、5 这些词元,这些词元被界定符;分隔开。除了 String 类的 split 方法,Java 还提供一个 StringTokenizer 类可以完成字符串的分词功能。若要使用该类,必须使用下面的 import 语句:

```
import java.util.StringTokenizer;
```

5.4.1 StringTokenizer 类的构造函数

StringTokenizer 类的构造函数描述如表 5.3 所示。

表 5.3 **StringTokenizer 类的构造函数描述**

构造函数	描述
StringTokenizer(String str)	用空格、Tab 或者换行符作为界定符来分割给定的字符串
StringTokenizer(String str,String delimiters)	用给定的界定符来分割给出的字符串
StringTokenizer(String str,String delimiters,boolean returnDelimeters)	如果 returnDelimiters 参数设置成 true,那么界定符将包含在词元中;如果参数设置成 false,那么界定符将不包含在词元中

创建 StringTokenizer 对象的方法有以下几种。

（1）用默认的界定符创建 StringTokenizer 对象：

StringTokenizer strTokenizer = new StringTokenizer("2 4 6 8");

（2）用连接符作为界定符来创建 StringTokenizer 对象：

StringTokenizer strTokenizer = new StringTokenizer("8-14-2004", "-");

（3）用连接符作为界定符来创建 StringTokenizer 对象，并将连接符作为词元返回：

StringTokenizer strTokenizer = new StringTokenizer("8-14-2004", "-", true);

5.4.2 StringTokenizer 类的方法

StringTokenizer 类的方法如表 5.4 所示。

表 5.4 StringTokenizer 类的方法

方法	描述
int countTokens()	返回 nextToken 方法被调用的次数。如果采用构造函数 StringTokenizer(String str)和 StringTokenizer(String str, String delimiters)，返回的就是分隔符数量
boolean hasMoreElements()	返回是否还有分隔符
boolean hasMoreTokens()	同上
String nextToken()	返回从当前位置到下一个分隔符的字符串
Object nextElement()	结果同上，除非返回的是 Object 而不是 String
String nextToken(String delim)	同 nextToken()，以指定的分隔符返回结果

【例 5.12】 在项目中创建 StringSplit 类，分别用空格和逗号作为界定符分隔给定字符串，并输出分隔出的词元数。

```
import java.util.StringTokenizer;
public class StringSplit {
    public static void main(String[] args) {
        String s = new String("This is a test string,split by StringTokenizer");
        System.out.println("---- Split by space ------");
        StringTokenizer st = new StringTokenizer(s);
        System.out.println( "Token Total：" + st.countTokens());
        while( st.hasMoreElements() ){
            System.out.println(st.nextToken());
        }
        System.out.println("---- Split by comma','------");
        StringTokenizer st2 = new StringTokenizer(s, ",");
        System.out.println( "Token Total：" + st2.countTokens());
        while (st2.hasMoreElements()) {
            System.out.println(st2.nextElement());
        }
    }
}
```

程序的运行效果如图 5.14 所示。

图 5.14　使用不同界定符分隔词元

5.4.3　使用多个界定符进行分词

StringTokenizer 类的默认界定符是：\n(换行符)、\r(回车键)、\t(Tab 键)、\b(后退键)、\f(换页符)。其他的一些符号也可以被用来作界定符，如要分割"joe@gaddisbooks.com"这个字符串，可以使用两个限定符：@ 和 . 。如果不使用默认的界定符，那么应该使用 String 类的 trim 方法来防止把空格当作词元的一部分。使用多个界定符从字符串中提取词元，必须在构造函数中给出那些作为界定符的字符。

【例 5.13】　使用界定符@和.来对 E-mail 地址进行分词。

```
import java.util.StringTokenizer;
public class MultiTokenDemo {
    public static void main(String[] args) {
        StringTokenizer strTokenizer = new StringTokenizer("jack@gaddisbooks.com", "@.");
        while (strTokenizer.hasMoreTokens())
        {
            System.out.println(strTokenizer.nextToken());
        }
    }
}
```

程序的运行效果如图 5.15 所示。

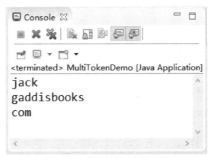

图 5.15　使用多个界定符进行分词

【例 5.14】 使用";,|"多个界定符分词,分别展示打印分隔符和不打印分隔符的情况。

```
import java.util.StringTokenizer;
public class MultiTokenDemo2 {
    public static void main(String[] args) {
        String str = "100|66,55;200|567,90;102|43,54";
        //StringTokenizer strToke = new StringTokenizer(str, ";,|");//默认不打印分隔符
        StringTokenizer strToke = new StringTokenizer(str,";,|",true);//打印分隔符
        //StringTokenizer strToke = new StringTokenizer(str,";,|",false);//不打印分隔符
        while(strToke.hasMoreTokens()){
            System.out.println(strToke.nextToken());
        }
    }
}
```

输出结果如图 5.16 所示。

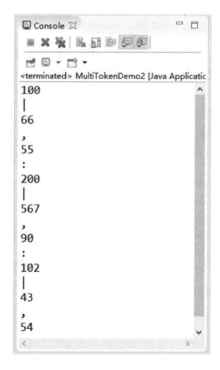

图 5.16 使用多个界定符并打印界定符进行分词

5.5 数值类型的包装类

5.5.1 将基本数据类型值作为对象处理

每个数值包装类都有常量 MAX_VALUE 和 MIN_VALUE。MAX_VALUE 表示对应的基本数据类型的最大值。对于 Byte 类、Short 类、Integer 类和 Long 类而言,MIN_VALUE 表示对应的基本类型 byte、short、int 和 long 的最小值。对 Float 类和 Double 类而言,MIN_

VALUE 表示 float 型和 double 型的最小正值。下面的语句显示最大正整数、最小正浮点数，以及双精度浮点数的最大值。

```
System.out.println("最大正整数是" + Integer.MAX_VALUE);
System.out.println("最小正浮点数是" + Float.MIN_VALUE);
System.out.println("双精度浮点数的最大值是" + Double.MAX_VALUE);
```

数值包装类相互之间都非常相似。每个都包含了 doubleValue()、floatValue()、intValue()、longValue()、shortValue() 和 byteValue() 等方法。这些方法将对象"转换"为基本类型值，返回包装对象对应的 double、float、int、long 或 short 值。Integer 类特征如表 5.5 所示。

表 5.5 Integer 包装类提供的构造方法、常量和处理各种数据类型的转换方法

Java.lang.Integer	
+MAX_VALUE:int	最大值
+MIN_VALUE:int	最小值
+Integer(value:int)	以整数为参数的构造函数
+Integer(s:String)	以数值字符串为参数的构造函数
+byteValue():byte	以 byte 类型返回该 Integer 的值
+intValue():long	以 int 类型返回该 Integer 的值
+floatValue():float	以浮点类型返回该 Integer 的值
+doubleValue():double	以双精度类型返回该 Integer 的值
+compareTo(o:Integer):int	比较两个整数，相等时返回 0，小于时返回负数，大于时返回正数
+toString():String	返回一个表示该 Integer 值的 String 对象
+valueOf(s:String):Integer	返回将基本类型转换成字符串的 Integer 对象
+valueOf(s:String,radix:int):Integer	返回由 s 对应的十进制，radix 表示 s 当前的进制
+parseInt(s:String):int	将字符串转换成整数
+parseInt(s:String,radix:int):int	返回由 s 对应的十进制，radix 表示 s 当前的进制

1. Integer 类的两个静态成员变量

【例 5.15】 输出 int 的最大值和最小值。

```
public class Integer_Demo1 {
    public static void main(String[] args) {
        System.out.println("int 最大值是：" + Integer.MAX_VALUE);
        System.out.println("int 最小值是：" + Integer.MIN_VALUE);
    }
}
```

输出结果如图 5.17 所示。

2. Integer 类的构造函数及取值方法的使用

Integer 类中的构造函数有两个，分别是 Integer(int num) 和 Integer(String num)，例如：

```
Integer integer1 = new Integer(11);
Integer integer2 = new Integer("111");
```

两条语句分别创建 Integer 对象。

图 5.17　Integer 类的两个静态变量

```
public class Integer_Demo0 {
    public static void main(String[] args) {
        //以数值为参数构造 Integer 对象
        Integer integer1 = new Integer(11);
        //以数值字符串为参数构造 Integer 对象
        Integer integer2 = new Integer("111");
        //分别使用 intValue()函数返回该 Integer 对象的值并输出
        System.out.println(integer1.intValue());
        System.out.println(integer2.intValue());
        //以浮点类型和双精度类型返回该 Integer 对象的值并输出
        System.out.println(integer1.floatValue());
        System.out.println(integer2.doubleValue());
        //用 toString()返回一个表示该 Integer 对象值的 String 对象并输出
        System.out.println(integer1.toString());
        System.out.println(integer2.toString());
    }
}
```

输出结果如图 5.18 所示。

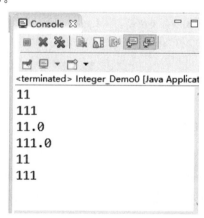

图 5.18　Integer 类的构造函数及取值方法

3. 将 int 整数转换成指定的进制数

【例 5.16】 将十进制数 31 转换成八进制数。

```
public class Integer_Demo2 {
    public static void main(String[] args) {
        int srcNumber = 31;
        String destNumber = Integer.toString(srcNumber,8);
        System.out.println(destNumber);
    }
}
```

输出结果如图 5.19 所示。

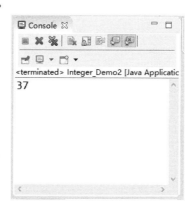

图 5.19 将十进制数 31 转化成八进制数的输出结果

4. 将基本类型转换成字符串

【例 5.17】 将字符串"2019"转换为数字并输出除以 2 的商。

```
public class Integer_Demo3 {
    public static void main(String[] args) {
        String year = "2019";
        int i = Integer.parseInt(year);
        System.out.println(i/2);
        System.out.println(i%2);
    }
}
```

输出结果如图 5.20 所示。

图 5.20 数字字符串转换为数值后进行运算

5.5.2 基本数据类型值和对应包装类类型之间的自动转换

将基本类型值转换为包装类对象的过程称为装箱,反之则称为拆箱。Java 允许基本类型与包装类类型之间进行自动转换。如果一个基本类型值出现在需要对象的环境中,编译器会将基本类型值进行自动装箱;如果一个对象出现在需要基本类型值的环境中,编译器会将对象进行自动拆箱。这称为自动装箱和自动拆箱。

【例 5.18】 数值的自动装箱和自动拆箱示例。

```java
public class Integer_Demo4 {
    public static void main(String[] args) {
        //这里就是自动装箱的过程
        //相当于 Integer src = new Integer(100);
        Integer src = 9;
        //我们知道 src 本身是引用数据类型,不能直接跟基本数据类型运算,
        //首先它会自动进行拆箱操作,相当于:int dest = src.intValue() + 23;
        int dest = src + 23;
        System.out.println(dest);
    }
}
```

输出结果如图 5.21 所示。

图 5.21 数值的装箱和拆箱

习 题

1. 下面的每个语句可以编译成功吗?

A. Integer i＝new Integer(12);

B. Integer i＝new Integer("12");

C. Integer i＝Integer.valueOf("12");

D. Integer i＝Integer.parseInt("12", 8);

2. 给出下面代码的输出结果:

```java
public class Test {
```

```java
        public static void main(String[] args) {
                Integer x = new Integer(3);
                System.out.println(x.intValue());
                System.out.println(x.compareTo(new Integer(4)));
        }
}
```

3. 编写程序,从包含 20 个字符的字符串中删除下标从 3 到 9 的子串(要求使用 StringBuilder 类中的 delete 方法)。

4. 假设给出如下所示的 s1 和 s2：

```java
StringBuilder s1 = new StringBuilder("Hello");
StringBuilder s2 = new StringBuilder("Java");
```

请给出执行下列语句后 s1 的值。假设这些语句都是相互独立的。

```java
s1.append(s2);
s1.insert(1,"how are you");
s1.substring(1,3);
```

5. 给出下面程序的输出结果：

```java
public class TestStringBuilder {
    public static void main(String[] args) {
        String s = "java";
        StringBuilder builder = new StringBuilder(s);
        change(s,builder);
        System.out.println(s);
        System.out.println(builder);
    }
    private static void change(String s,StringBuilder builder) {
        s = s + " and C";
        builder.append(" and C");
    }
}
```

第 6 章　继承、接口与多态

学习目标

- 理解并掌握类的继承
- 掌握接口、抽象类的定义和使用
- 掌握多态性的特征
- 了解枚举类型的定义和使用

继承和多态是面向对象开发的重要特性，如果在程序中运用得当，系统的可扩展性和可维护性都会比较好，同时可以减少代码的冗余。继承机制的使用可以复用已经定义好的类，减少代码的重复编写。多态机制的使用可以动态调整对象的调用，降低对象之间的依赖关系。同时为了优化继承与多态，Java 还提供接口，一个类可以实现多个接口。

6.1　继　　承

继承是 Java 在软件重用方面一个重要且功能强大的特征。假设分别定义了圆形类、三角形类和矩形类，这些类之间有一些共同的特征，如果想避免冗余并使系统易于理解和维护，最好的方式就是建立一个通用类，在通用类中表达它们的共同特性，然后让这些类继承这个通用类。面向对象编程支持从已经存在的类中定义新的类，这称为继承。

在 Java 语言中，继承通过关键字 extends 来实现。格式如下：

[修饰符]Class 子类名 extends 父类名[implements <接口名>]{
　　类体
}

- 修饰符：可选参数，用于指定类的访问权限，可选值为 public、abstract 和 final。
- 子类名：必选参数，用于指定子类的名称，必须是合法的标识符。类名一般首字母大写。
- 父类名：必选参数，用于指定要定义的子类继承于哪个父类。

如果类定义时没有使用 extends 关键字，则默认该类的父类是 java.lang.Object 类。Object 类是 Java 预定义的所有类的父类，包含了所有 Java 的公共属性，其中定义的属性和方法可被任何类使用、继承和重写。

【例 6.1】　在项目中创建父类 GeometricObject 类，GeometricObject 类具有颜色属性，定义一个成员变量 color，用于描述颜色属性。创建一个子类 Circle 类，Circle 类继承 GeometricObject 类。

```java
public class GeometricObject {
    String color;
}
public class Circle extends GeometricObject{
    public Circle() {
        color = "White";
    }

}
```

子类从父类那里可以继承属性和方法，子类也可以添加自己的新属性和新方法，并且覆盖父类的方法。

6.2 super 关键字

关键字 super 指代父类，可以用于调用父类中的构造方法和普通方法。

6.2.1 调用父类的构造方法

构造方法用于构建一个类的实例。父类的构造方法不会被子类继承。它们只能使用关键字 super 从子类的构造方法中调用。调用父类构造方法的语法格式如下：

```
Super();
```

或者

```
super(arguments);
```

要调用父类的构造方法就必须使用关键字 super，而且语句 Super()或者 super(arguments)必须出现在子类构造方法的第一行，这是显式调用父类构造方法的唯一方式。

【例 6.2】 对 6.1 节创建的 GeometricObject 类和 Circle 类进行完善，增加构造方法。

```java
public class Circle extends GeometricObject {
      private double radius;
   public Circle(double radius) {
        this.radius = radius;
    }
 }


public class GeometricObject {
      private String color = "white";
      private boolean filled;
      private java.util.Date dateCreated;

      /** Construct a geometric object with the specified color
        *   and filled value */
      public GeometricObject(String Color, boolean filled){
```

```
        dateCreated = new java.util.Date();
        this.color = color;
        this.filled = filled;
    }
}
```

Circle 类的构造方法:

```
public Circle(double radius) {
    this.radius = radius;
}
```

相当于

```
public Circle(double radius) {
    super();
    this.radius = radius;
}
```

6.2.2 构造方法链

还是以上面定义的 Circle 类和 GeometricObject 类为例,Circle 类继承 GeometricObject 类,Circle 类定义了一个带一个参数的构造方法,GeometricObject 类定义了一个带两个参数的构造方法,都没有定义无参构造方法。这时 Circle 类所在的程序编译就会出错。Circle 类构造方法 Circle(double radius)会默认调用父类 GeometricObject 类的无参构造方法,即相当于在"this.radius = radius;"语句前有一条语句"super();",即调用父类的无参构造函数。然而,GeometricObject 类没有无参构造函数,因为 GeometricObject 类显式地定义了构造函数 public GeometricObject1(String Color, boolean filled)。

这里说的就是构造方法的方法链,即当子类构造一个对象时,子类对象会在完成自己的任务之前,首先调用它的父类的构造方法。如果父类继承自其他类,那么父类构造方法又会在完成自己的任务之前,调用它自己的父类的构造方法。所以,如果要设计一个可以被继承的类,最好能提供一个无参构造方法,以便对该类进行扩展,同时避免错误。所以,修改 6.1 节的程序后如例 6.3 所示。

【例 6.3】 包含无参构造函数的 GeometricObject 类。

```
public class Circle extends GeometricObject {
    private double radius;
    public Circle(double radius) {
        this.radius = radius;
    }
}

public class GeometricObject {
    private String color = "white";
    private boolean filled;
    private java.util.Date dateCreated;
```

```
    public GeometricObject() {
    dateCreated = new java.util.Date();
    }
    /** Construct a geometric object with the specified color
     *  and filled value */
    public GeometricObject(String Color, boolean filled) {
    dateCreated = new java.util.Date();
    this.color = color;
    this.filled = filled;
    }
}
```

6.2.3 调用父类的普通方法

如果想在子类中操作父类中被隐藏的成员变量和被重写的成员方法,也可以使用关键字 super,具体格式如下:

super.成员变量名 = 参数;
super.方法名(参数);

具体关于什么是被隐藏的成员变量和被重写的成员方法见6.3节。

6.3 属性隐藏与方法覆盖

6.3.1 属性隐藏

属性隐藏的一种情况是发生在同一个类内部,在类中定义的实例变量和方法内部变量如果出现同名的,实例变量在该方法内会被隐藏。

【例6.4】 在类Demo1中,定义了实例变量i,为了演示属性隐藏,在这里给实例变量i赋值为3,然后在main方法中又定义了变量i,使用输出语句输出i的值。输出结果如图6.1所示,输出结果为在方法内部定义的变量的值1,而不是赋给实例变量的值3。

图6.1 实例变量的隐藏

```
public class Demo1 {
    private int i = 3;
```

```java
    public static void main(String[] args) {
        int i = 1;
        System.out.println(i);
    }
}
```

属性隐藏的另一种情况发生在子类和父类之间,即子类把父类的属性隐藏了。

【例 6.5】 在父类 SuperClass 中,定义了静态变量 i 和非静态变量 j,在子类也定义了静态变量 i 和非静态变量 j。子类定义的变量 i 和 j 会把父类的这两个属性隐藏。输出结果如图 6.2 所示。

```java
public class SuperClass {
    public static int i = 1;
    public int j = 2;
    public static void method1() {
    System.out.println("SuperClass Method1");
    }
    public void method2() {
    System.out.println("SuperClass Method2");
    }
    public final void method3() {
        System.out.println("SuperClass Method3");
    }
}

public class SubClass extends SuperClass {
    public static int i = 2;
    public int j = 1;
    public static void method1() {
        System.out.println("SubClass Method1");
    }
    public void method2() {
        System.out.println("SubClass Method2");
    }
}

public class Test1 {
    public static void main(String[] args) {
        SuperClass sc = new SubClass();
        System.out.println("i = " + sc.i);
        System.out.println("j = " + sc.j);
        sc.method1();//静态方法只能被隐藏
        sc.method2();

        SubClass subc = new SubClass();
        System.out.println("i = " + subc.i);
        System.out.println("j = " + subc.j);
```

```
        subc.method1();
        subc.method2();

    }
}
```

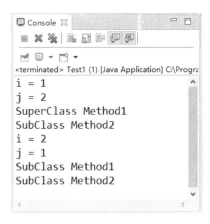

图 6.2　父类属性的隐藏

6.3.2　方法覆盖

覆盖是指当子类继承父类中的方法时,如果子类的方法名和父类的方法名相同,并且签名也相同时,那么子类就不能继承父类的方法,称为子类的方法重写了父类的方法。通过覆盖,可以使一个方法在不同的子类中表现出不同的行为。

【例 6.6】　在例 6.3 创建的 GeometricObject 类和 Circle 类中,分别重写 toString()方法。

```java
public class GeometricObject {
    String color;
        public String toString() {
            return "this is GeometricObject.";
        }
}
public class Circle extends GeometricObject{
    public Circle() {
        color = "White";
    }
        public String toString() {
            return "this is Circle.";
        }
}


public class Test {
    public static void main(String[] args) {
            GeometricObject gb = new GeometricObject();
            Circle c = new Circle();
```

```
            System.out.println(gb.toString());
        System.out.println(c.toString());
    }
}
```

程序的运行结果如图 6.3 所示。

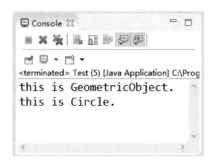

图 6.3 输出对象描述

以下几点要注意。

① 仅当实例方法是可访问的,才能被覆盖。如果子类中定义了和父类同名的私有方法,那么这是两个不同的方法。

② 静态方法不能被覆盖。如果子类中具有与父类相同签名的静态方法,那么父类中的静态方法将被隐藏。可以使用上节介绍的 super 关键字来调用父类被隐藏的静态方法,也可以用父类名调用。语法格式如下:

```
Super.静态方法名();
```

或者

```
父类名.静态方法名;
```

6.3.3 方法重载

方法重载是指方法名相同,但签名不同。如在例 6.7 中类 B 有两个重载的方法 m(int i) 和 m(double i)。方法 m(int i)继承自类 A。

【例 6.7】

```
public class TestOverriding {

    public static void main(String[] args) {
        B b = new B();
        b.m(8);
        b.m(10.0);
    }
}
class A{
    public void m(int i) {
        System.out.println(i * i);
```

        }
    }

    class B extends A{
        public void m(double i) {
            System.out.println(i);
        }
    }

程序输出结果如图 6.4 所示。

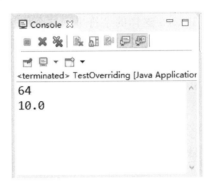

图 6.4 重载的输出

6.4 访问控制修饰符

访问控制修饰符用来决定类中成员变量和方法能否被其他类使用。主要有 4 个级别的访问权限：public、protected、private 或者不用修饰符。public 修饰符表明成员可在所有的类中访问。protected 修饰符表明成员不仅能被同包的类使用，也可以被其他包中存在类继承关系的类访问。private 修饰符表明成员仅在同类中可以使用。不用修饰符则可在该成员所在的包中访问。关于 4 种访问控制修饰符的访问范围如表 6.1 所示。

表 6.1 访问控制修饰符的访问范围

访问控制修饰符	同一个类	同一个包	子类	全局范围
public	可见	可见	可见	可见
protected	可见	可见	可见	不可见
private	可见	不可见	不可见	不可见
不用修饰符	可见	可见	不可见	不可见

6.5 Object 类

Java 中的所有类都继承自 java.lang.object 类。如果在定义一个类时没有指定继承，那么这个类的父类默认是 Object。熟悉 Object 类提供的方法是非常重要的，因为这样就可以在自己的类中使用它们。

6.5.1 Object 类及其 toString( )方法

toString()方法的签名是：

public String toString()

调用一个对象的 toString()会返回一个描述该对象的字符串。默认情况下，它返回一个由该对象所属的类名、@以及用十六进制形式表示的该对象的内存地址组成的字符串。

Circle circle = new Circle();
System.out.println(circle.toString());

该代码会显示像 Cirlce@15037e5 这样的字符串。这个信息不是很有用，或者说没有什么信息量。通常，应该重写这个 toString 方法，以返回一个代表该对象的描述性字符串。

【例 6.8】 在项目中创建 ToStringDemo 类，在类中重写 Object 类的 toString()方法，并在主方法中输出该类的实例对象。

```
public class ToStringDemo {

    @Override
    public String toString() {
        return "ToStringDemo class";
    }
    public static void main(String[] args) {
    System.out.println(new ToStringDemo());

    }
}
```

程序运行结果如图 6.5 所示。

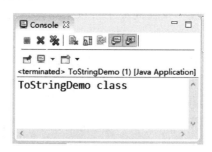

图 6.5 输出 ToStringDemo 类对象

6.5.2 Object 类的 equals 方法

如同 toString()方法，equals(object)方法是定义在 object 类中的另一个有用的方法。它的签名是：

Public boolean equals(Object o)

这个方法测试两个对象是否相等。调用它的语法是：

```
Object1.equals(object2);
```

object 类中 equals 方法的默认实现是：

```
Public boolean equals(Object obj){
Return (this == obj);
}
```

这个实现使用==操作符检测两个引用变量是否指向同一个对象。

【例 6.9】 在项目中创建 EqualsDemo 类，定义两个 Object 对象，分别用"=="和 equals( )方法来比较两个对象。

```
public class EqualsDemo {

    public static void main(String[] args) {
        //TODO Auto-generated method stub
        Object o1 = new Object();
            Object o2 = new Object();
            System.out.println((o1 == o2));
            System.out.println((o1.equals(o2)));

    }
}
```

因为 o1 和 o2 是两个不同的对象，所以输出为 false。程序输出结果如图 6.6 所示。

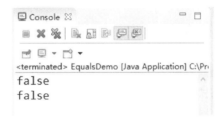

图 6.6　equals 方法演示结果

因此，在实际开发中经常重写该方法，以测试两个不同的对象是否具有相同的内容。

【例 6.10】 在项目中重写 Circle 类中的 equals 方法，基于圆的半径来比较两个圆是否相等。

```
public class Circle {
    double radius;
    public boolean equals(Object o) {
            if(o instanceof Circle)
            return radius == ((Circle)o).radius;
            else
                    return false;
    }


        public static void main(String[] args) {
```

```
            //TODO Auto-generated method stub
            Circle c1 = new Circle();
            Circle c2 = new Circle();
        System.out.println((c1 == c2));
        System.out.println(c1.equals(c2));
        }
}
```

程序运行结果如图 6.7 所示。第一条输出语句输出的是 c1 和 c2 对象是否指向同一个地址。因为是不同的对象,所以输出为 false。第二条输出语句输出的是利用改写后的 equals 方法检查两个圆是否一样大。因为创建对象时没有给对象的 radius 属性赋值,都是默认值,double 类型实例变量的初始值为 0.0,所以比较结果为真。

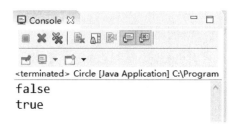

图 6.7 重写 equals 方法示例

6.6 抽象类和抽象方法

6.6.1 抽象类

抽象类不可以用于创建对象。抽象类可以包含抽象方法,这些方法将在具体的子类中实现。抽象类定义的基本语法格式如下:

```
修饰符 abstract class 类名 {
    类体
}
```

【例 6.11】 改写 GeometricObject 类为抽象类。

```
public abstract class GeometricObject {
    private String color;
    public String toString() {
        return "this is GeometricObject.";
    }
//Abstract method getArea
public abstract double getArea();
}


public class Circle extends GeometricObject{
    public Circle() {
```

```
        color = "White";
    }
    public double getArea() {
        return radius * radius * Math.PI;
    }
    public String toString() {
        return "this is Circle.";
    }
}
```

6.6.2 抽象方法

抽象方法定义格式如下：

修饰符 abstract 返回值类型方法名();

例 6.11 GeometricObject 抽象类中定义的方法 getArea()方法即为抽象方法。

对于为什么要将方法定义成抽象方法,主要考虑抽象类一般是对子类共同特征的建模。比如,定义抽象类 GeometricObject 是几何图形类的父类,Circle 类和 Rectangle 类是 GeometricObject 类的子类,它们都有计算面积的方法 getArea(),所以可以在父类 GeometricObject 中定义这个共同的方法。但如何计算面积是跟几何图形有关系的,圆的面积是圆周率和半径平方的积,而矩形的面积是长乘以宽,所以不能在父类 GeometricObject 中定义具体计算面积的实现。这时就可把 getArea()定义成抽象方法,抽象方法的具体实现在子类中完成。如例 6.11 中改写的 Circle()类,实现了抽象方法 getArea()。

关于抽象方法的几点说明如下。

(1) 抽象方法不能包含在非抽象类中。如果抽象父类的子类不能实现所有的抽象方法,那么子类也必须定义为抽象的。换句话说,在继承自抽象类的非抽象子类中,必须实现所有的抽象方法。

(2) 抽象类不能使用 new 操作符来初始化,但仍然可以定义它的构造方法,这个构造方法在它的子类的构造方法中调用。

(3) 包含抽象方法的类必须是抽象的。

(4) 即使子类的父类是具体的,这个子类也可以是抽象的。

(5) 不能使用 new 操作符从一个抽象类创建一个实例。

6.7 接口的定义与实现

6.7.1 接口的定义

Java 只支持单继承,不支持多继承。通过接口既可以达到多继承的目的,又可以避免多继承存在的问题。接口用于为对象定义共同的行为。接口中定义的方法没有实现,方法的具体实现是在实现接口的类中完成的。定义接口的基本语法格式如下:

[修饰符] interface 接口名 [extends 父接口名列表]{
[public] [static] [final] 变量;

［public］［abstract］方法；

}

例如：

```
public interface QuackBehavior{
    public void quack();
}
```

接口与抽象类在很多方面相似。可以使用接口作为引用变量的数据类型或类型转换的结果。不能使用 new 操作符创建接口的实例。

6.7.2 接口的实现

定义接口后就可以在类中通过 implements 关键字实现该接口。语法格式如下所示：

［修饰符］class <类名>［extends 父类名］［implements 接口列表］{
}

一个类实现某接口，就必须实现该接口中的所有方法。

【例 6.12】 定义类 Quack 和类 Squeak 实现上面定义的 QuackBehavior 接口。

```
public Quack implements QuackBehavior{
    public void quack(){
        System.out.println("quack");
    }
}
public Squeak implements QuackBehavior{
    public void quack(){
        System.out.println("Squeak");
    }
}
```

6.8 多 态

6.8.1 多态

多态是面向对象程序设计的重要部分。多态的字面意思是多种形态，在面向对象程序设计中多态意味着父类型的变量可以引用子类型的对象，即使用父类对象的地方都可以使用子类的对象，这就是通常所说的多态。多态性实际上体现了适用于父类的一定适用于子类，但反过来不一定成立这样一个原理，即适用于子类的不一定适用于父类。比如，每个圆都是一个几何对象，但并非每个几何对象都是圆。下面通过例子来演示多态性。在例 6.13 程序中 displayObject 方法具有 GeometricObject 类型的参数，可以通过传递任何一个 GeometricObject 的实例来调用 displayObject 方法，例 6.13 传递的是 GeometricObject 类的子类 Circle 类对象。

【例 6.13】 在前面定义的 GeometricObject 类和 Circle 类的基础上,定义一个 displayObject 方法,该方法的参数为 GeometricObject 类型。但实际调用时可以给 displayObject 方法传递 GeometricObject 类型的子类型对象,如这里传递 GeometricObject 类的子类 Circle 类的对象。

```
public class PolymoDemo {

public static void main(String[] args) {
displayObject(new Circle());

}

public static void displayObject(GeometricObject object) {
        System.out.println("the color " + object.getClass() + " is " + object.getColor());
    }
}
```

程序运行结果如图 6.8 所示。

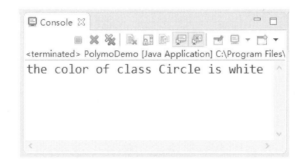

图 6.8　多态演示结果

6.8.2　动态绑定

这里的父类可以是一个抽象类,也可以是一个接口。这样在编程的时候就只需要针对接口编程,而不是针对实现编程。这是面向对象程序设计的一个重要设计原则,即程序可以针对超类型编程,执行时会根据实际状况执行到真正的行为,不会被绑定在超类型的行为上。下面的例 6.14 演示了对象在运行时如何动态绑定到实际类对象上。

【例 6.14】 方法 p 的参数为 Object 类型,在实际运行时如果传递的是 Cat 对象,那么调用的就是 Cat 类的 toString 方法;如果运行时传递的是 Dog 对象,那么调用的就是 Dog 类的 toString 方法。即参数为抽象类型,具体运行时会根据实际情况执行真正的对象的行为。

```
public class DynamicBindingDemo {
    public static void main(String[] args) {
        p(new Cat());
        p(new Dog());
          p(new Animal());
            p(new Object());
```

```
        }
        public static void p(Object x) {
                System.out.println(x.toString());
        }
}
class Animal extends Object{
    public String toString() {
            return "Animal";
    }
}

class Dog extends Animal{
    public String toString() {
            return "Dog";
    }
}

class Cat extends Animal{
    public String toString() {
            return "Cat";
    }
}
```

程序运行结果如图 6.9 所示。

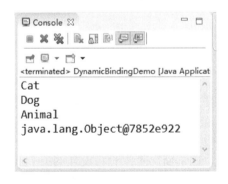

图 6.9 动态绑定演示结果

6.8.3 对象类型的转换

对象类型转换在 Java 编程中经常遇到,有向上转换与向下转换。在例 6.14 中语句:

p(new Cat());

将 Cat 类对象赋值给 Object 类型的参数,这条语句是合法的。因为 Cat 的实例也是 Object 的实例。它等价于:

Object o = new Cat();
p(o);

这里隐含了把 Cat 类型对象转换为 Object 类型对象。这种把子类的实例转换为父类实例的转换称为向上转换。向上转换可以通过隐式转换来完成,即不需要进行强制转换。

当把一个父类的实例转换为它的子类变量时,称为向下转换。向下转换必须使用转换标记"(子类名)"进行显式转换。例如,把上面的对象引用 o 赋值给 Cat 对象:

Cat c = o;

就会发生编译错误。因为 Object 对象不一定是 Cat 的实例。即使 o 就是一个 Cat 实例,编译器也还没有聪明到能做这样的判断。所以要完成向下转换必须通过转换标记显式转换,即写成这样:

Cat c = (Cat)o;

为了转换成功,必须要确保转换的对象是子类的一个实例,例如要确保 o 是 Cat 类的一个实例,否则会出现一个运行时异常 ClassCastException。对此一个好的做法是在转换之前先判断一个对象是某个类的实例。如果是再进行转换,否则就不进行转换。如何判断一个对象是不是一个类的实例就是下面要介绍的操作符 instanceof。

6.8.4 instanceof 判断对象类型

instanceof 操作符可以用来判断父类对象是不是子类对象的实例,也可以用来判断一个类是否实现了某个接口。语法格式如下:

Myobject instanceof ExampleClass

- Myobject:某类的对象引用。
- ExampleClass:某个类。

使用 instanceof 操作符的返回类型为布尔值。下面的例 6.15 演示类型转换以及 instanceof 操作符的使用。

【例 6.15】 类型转换及 instanceof 操作符的使用示例。

```java
public class CastingDemo {

    public static void main(String[] args) {
            Object object = new Circle(1.0);
                displayObject(object);
    }
        public static void displayObject(Object object) {
            if(object instanceof Circle) {
                System.out.println("the circle area is" +
    ((Circle)object).getArea());
            }
        }
}
```

程序输出结果如图 6.10 所示。

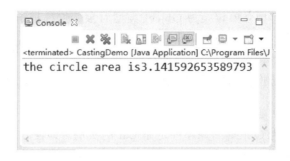

图 6.10 向下转换示例

6.9 枚 举 类 型

6.9.1 简单枚举类型的定义和使用

枚举类型定义了一个枚举值的列表。每个值是一个标识符。枚举类型的定义格式如下：

enum 类型名{枚举值列表};

例如：

enum Color {RED,GREEN,BLUE};

枚举值默认为从 0 开始的有序数值。以 Color 枚举类型举例,它的枚举常量依次为

RED:0,GREEN:1,BLUE:2

定义了类型,就可以声明这个类型的变量,如：

Color color;

变量 color 可以具有在枚举类型 Color 中的一个值,或者 null。
枚举值可以使用下面的语法进行访问：

EnumeratedTypeName.valueName

例如,我们可以将枚举类型值赋值给变量 color：

color = Color.RED;

枚举类型是一个特殊的类。一个枚举类继承 Object 类,实现 Comparable 接口。所以一个枚举类型的对象可以使用 Object 类的所有方法,以及 Comparable 接口中的 compareTo 方法。表 6.2 列出了一些 enum 对象的常用方法。

表 6.2 enum 对象的常用方法

方法	描述
int compareTo(E o)	比较此枚举与指定对象的顺序
String name()	返回此枚举常量的名称,在其枚举声明中对其进行声明
int ordinal()	返回枚举常量的序数(它在枚举声明中的位置,其中初始常量序数为零)
String toString()	返回枚举常量的名称,它包含在声明中

【例 6.16】 演示创建一个 WeekDay 枚举类型对象以及枚举类型方法的使用。

首先,创建枚举类型。右键单击所在项目的包,在弹出的快捷菜单中选择"New"→"Enum"命令,如图 6.11 所示。

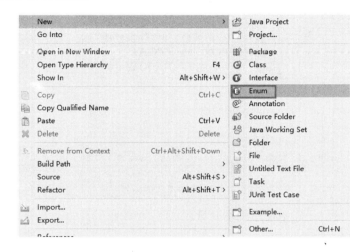

图 6.11 创建枚举类型

创建好后的枚举类型如下:

```
public enum WeekDay {MONDAY,TUESDAY,WEDNESDAY,THURSDAY,FRIDAY

}
```

其次,创建一个测试类 EnumDemo,类中创建两个 WeekDay 类型变量 day1 和 day2,并为它们赋值。最后使用 enum 的 name()方法返回变量的名称并输出,调用 equals 比较两个变量的序号是否相等,如果相等则返回真,不等则返回假,调用 toString 返回枚举变量的名称,调用 compareTo 方法返回 day1 和 day2 序号数之间的差值。

```
public class EnumDemo {

    public static void main(String[] args) {
        WeekDay day1 = WeekDay.MONDAY;
        WeekDay day2 = WeekDay.TUESDAY;

        System.out.println("day1's name is " + day1.name());
        System.out.println("day2's name is " + day2.name());

        System.out.println(day1.equals(day2));
        System.out.println(day1.toString());
        System.out.println(day2.toString());
        System.out.println(day1.compareTo(day2));

    }

}
```

程序运行结果如图 6.12 所示。

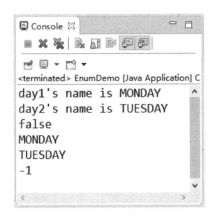

图 6.12　枚举类型的使用

【例 6.17】　在分支语句中使用枚举变量。

```
switch(weekday){
  case MONDAY:
    System.out.println("do homework");
    break;
  case TUESDAY:
    System.out.println("play basketball");
    break;

}
```

【例 6.18】　在循环语句中使用枚举变量。

```
WeekDay[] weekdays = Day.values();
for(int i = 0;i < weekdays.length;i ++ )
  System.out.println(days[i]);
```

6.9.2　具有数据域、构造方法和方法的枚举类型

枚举类型定义的时候除了具有枚举值的列表,也可以定义有数据域、构造方法和方法,如例 6.19 所示。

【例 6.19】　具有定义域、构造方法和方法的枚举类型示例。

```
public enum Color{
    RED("红色"),GREEN("绿色"),WHITE("白色"),YELLOW("黄色");
    private String description;

    private Color(String description){
        this.description = description;
    }
    public String getDescription(){
```

```
        return description;
    }
}
```

在枚举类型 Color 的定义里,首先声明了值的类型,值的声明必须是类型声明的第一条语句。然后声明了一个名为 description 的数据域,并声明了一个带一个参数的构造方法,在构造方法中给 description 赋值。

Java 语法要求枚举类型的构造方法必须是私有的,但私有修饰符 private 可以省略,默认为私有。

枚举类型中方法的使用和类中方法的使用是一样的。

【例 6.20】 枚举类型的使用。

```
public class TestColor {
    public static void main(String[] args) {
        Color color = Color.YELLOW;
        System.out.println(color.getDescription());
    }
}
```

程序输出结果如图 6.13 所示。

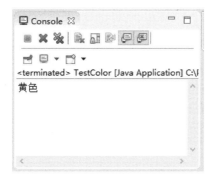

图 6.13 枚举类型方法使用演示

习 题

1. 单选题

(1) 下列( )定义了一个合法的抽象类。
A. class A { abstract void unfinished() { } }
B. class A { abstract void unfinished(); }
C. abstract class A { abstract void unfinished(); }
D. public class abstract A { abstract void unfinished(); }

(2) 假设 A 是一个抽象类,B 是 A 的一个具体子类,A 和 B 都有一个无参构造函数。下面( )是正确的。
A. A a = new A(); B. A a = new B(); C. B b = new A();

(3) 以下程序的输出结果是( )。

```java
public class Test {
    public static void main(String[] args) {
        new Circle();
    }
}
public abstract class GeometricObject {
    protected GeometricObject() {
        System.out.print("A");
    }
    protected GeometricObject(String color, boolean filled) {
        System.out.print("B");
    }
}
public class Circle extends GeometricObject {
    public Circle() {
        this(1.0);
        System.out.print("C");
    }
    public Circle(double radius) {
        this(radius, "white", false);
        System.out.print("D");
    }
    public Circle(double radius, String color, boolean filled) {
        super(color, filled);
        System.out.print("E");
    }
}
```

A. ABCD　　　　B. BACD　　　　C. CBAE　　　　D. AEDC

E. BEDC

（4）下列程序的输出结果是（　　　）。

```java
public class Test {
    public static void main(String[] args) {
        new Person().printPerson();
        new Student().printPerson();
    }
}
class Student extends Person {
    public String getInfo() {
        return "Student";
    }
}
class Person {
    public String getInfo() {
```

```
        return "Person";
    }
    public void printPerson() {
        System.out.println(getInfo());
    }
}
```

A. Person Person   B. Person Student
C. Stduent Student D. Student Person

2. 填空题

(1) 以下程序的输出结果是_____。

```
abstract class Shape {
    public abstract double getArea();
}
class Circle extends Shape {
    private final static double PI = 3.14159;
    private double radius;
    public Circle(double radius) {
        this.radius = radius;
    }
    public double getArea() {
        return PI * radius * radius;
    }
}
class Rectangle extends Shape {
    private double width;
    private double height;
    Rectangle(double width, double height) {
        this.width = width;
        this.height = height;
    }
    public double getArea() {
        return width * height;
    }
}
public class Test {
    public static void main(String[] args) {
        Shape shape1 = new Circle(10);
        Shape shape2 = new Rectangle(10, 10);
        System.out.println(shape1.getArea() + "#" + shape2.getArea());
    }
}
```

(2) 若有以下程序：

```
1   public class Test {
2       public static void main(String[] args) {
3           Integer[] list1 = {12, 24, 55, 1};
4           Double[] list2 = {11.4, 24.0, 55.2, 1.0};
5           int[] list3 = {1, 2, 3};
6           printArray(list1);
7           printArray(list2);
8           printArray(list3);
9       }
10      public static void printArray(Object[] list) {
11          for(Object o: list)
12              System.out.print(o + " ");
13          System.out.println();
14      }
15  }
```

程序中存在的错误在第_____行。

（3）以下程序的输出结果是_____。

```
public class Test {
    public static void main(String[] args) {
        B b = new B();
        A a = b;
        a.fun();
    }
}
class B extends A {
    public void fun() {
        System.out.print('B');
    }
}
class A {
    public void fun() {
        System.out.print('A');
    }
}
```

3．编程题

按照下列描述编写程序。

员工对象有许多共同的属性和行为。可以定义一个 Employee 类，用来建模所有的员工对象。Boss 类、CommissionWorker 类、PieceWorker 类和 HourlyWorker 类都是 Employee 类的子类。Boss 类、CommissionWorker 类、PieceWorker 类和 HourlyWorker 类分别包含计算各自收入的 earnings 方法。因为可以计算所有员工对象的工资，最好在 Employee 类中定义 earnings 方法，但是 earnings 方法在 Employee 类中的实现取决于员工对象的具体类型，这样的方法是抽象方法。Employee 类包含 earnings 抽象方法，就称为抽象类。

（1）Employee 类包括私有数据域 name(姓名,String 类型)；有参构造方法,将 name 设置为给定的参数；访问器方法 getName；抽象方法 earnings。earnings 方法将在每个子类中实现,因为每个子类计算工资的方法不同。

（2）Boss 类有固定的周工资且不计工作时间。Boss 类包括私有数据域 weeklySalary(周工资,double 类型)；有参构造方法,将 name、weeklySalary 设置为给定的参数；更改器方法 setWeeklySalary；earnings 方法,重写 toString 方法,返回 Boss 的字符串描述。

（3）CommissionWorker 类有工资加上销售提成。CommissionWorker 类包括私有数据域 salary(工资,double 类型)、commission(佣金,double 类型)和 quantity(销售数量,int 类型)；有参构造方法,将 name、salary、commission、quantity 设置为给定的参数；更改器方法 setSalary、setCommission 和 setQuantity；earnings 方法；重写 toString 方法,返回 CommissionWorker 的字符串描述。

（4）PieceWorker 类的工资根据其生产的产品数量而定。PieceWorker 类包括私有数据域 wagePerPiece(每件产品工资,double 类型)、quantity(生产数量,int 类型)；有参构造方法,将 name、wagePerPiece、quantity 设置为给定的参数；更改器方法 setWage、setQuantity；show；earnings 方法；重写 toString 方法,返回 PieceWorker 的字符串描述。

（5）HourlyWorker 类的工资根据小时计算并有加班工资。HourlyWorker 类包括私有数据域 wage(小时工资,double 类型)、hours(工作时数,double 类型)；有参构造方法,将 name、wage、hours 设置为给定的参数；更改器方法 setWage、setHours；earnings 方法；重写 toString 方法,返回 HourlyWorker 的字符串描述。

第 7 章　集 合 框 架

学习目标

- 了解集合框架的基本概念
- 掌握集合框架中链表、集合和映射的接口概念和应用场景
- 熟练集合框架中链表、集合和映射接口实现类的常用操作

我们知道数组是保存一组对象最有效的方式，所有数组都有一个固定成员，可以通过它获知数组内包含了多少个元素 Java 数组，这个成员是 length。length 在数组初始化时确定后不能对其修改，因此初始化后数组具有固定尺寸。而在更一般的情况中，编写程序时并不知道将需要多少个对象，或者需要更加复杂的方式来存储对象，因此数组尺寸固定这一限制显得过于受限了。

Java 实用类库提供了一套相当完整的集合类来解决这个问题，使得程序可以在任意时刻和任意位置创建任意数量的对象。集合类主要包括 List 链表、Set 集合和 Map 映射等基本类型。

7.1　链　　表

7.1.1　List 接口

List 链表是一种有序集合，也称为序列。该接口的用户可以精确控制列表中每个元素的插入位置。用户可以通过整数索引(列表中的位置)访问元素，并搜索列表中的元素。

有两种常用的实现 List 接口的类：

- ArrayList 类，它善于随机访问元素，但是在链表中间插入和移除元素时比较慢；
- LinkedList 类，它通过较低的代价在链表中间进行插入和删除操作，但在随机访问方面相对比较慢，其特性集较 ArrayList 更大。

7.1.2　ArrayList 类

ArrayList 类是 List 接口可调整大小的数组实现。实现所有可选的 List 操作，并允许所有元素，包括 null。除了实现 List 接口之外，此类还提供了一些方法来操作内部用于存储列表的数组的大小。

为了演示 ArrayList 类的基本操作，我们首先定义一个 Cat 类，作为链表中元素的类型。

```
class Cat{
```

```
    private String name;
    public String getName()
    {
            return name;
    }
    public void setName(String name){
            this.name = name;
    }
}
```

接着,我们再给出链表和元素的定义。

```
List < Cat > cats = new ArrayList < Cat >();

Cat tomcat = new Cat();
tomcat.setName("Tom");

Cat jackcat = new Cat();
jackcat.setName("Jack");

Cat johncat = new Cat();
johncat.setName("John");

Cat anncat = new Cat();
anncat.setName("Ann");
```

下面将在此链表的基础上,演示链表和元素的基本操作。

(1) 元素操作

```
//添加和删除元素
cats.add(tomcat);
cats.add(jackcat);
cats.add(johncat);
cats.add(2,anncat);                   //将下面的元素添加到第 2 个位置
cats.remove(jackcat);                 //删除元素

//设置和获取元素
cats.set(0,jackcat);
System.out.println(cats.get(0).getName());

//判断元素和元素位置
System.out.println(cats.contains(jackcat));
System.out.println(cats.indexOf(jackcat));
```

(2) 链表操作

```java
//清除元素
cats.clear();

//判断链表是否为空
System.out.println(cats.isEmpty());

//将 ArrayList 转换为数组
Cat[] c = cats.toArray(new Cat[0]);
System.out.println(c[0].getName());
```

(3) 遍历操作

```java
//通过索引值访问,可顺序遍历,也可随机访问
  for (int i = 0;i < cats.size();i ++ ) {
    System.out.println(cats.get(i).getName());
  }

  //通过迭代器访问,实现顺序遍历
  Iterator it = cats.iterator();
  while(it.hasNext()) {
    Cat cat = (Cat)it.next();
    System.out.println(cat.getName());
  }

  //通过ForEach 循环访问,实现顺序遍历
  for (Cat cat:cats){
    System.out.println(cat.getName());
  }
```

7.1.3 LinkedList 类

LinkedList 也像 ArrayList 一样实现了基本的 List 接口。LinkedList 还添加了可以使其用作栈、队列或双端队列的方法。

```java
//新建一个 LinkedList
  LinkedList < Cat > stack = new LinkedList < Cat >();
//元素压入栈中
stack.push(tomcat);
stack.push(jackcat);
stack.push(johncat);
stack.push(anncat);

//删除栈顶元素
System.out.println("stack.pop():" + stack.pop().getName());
```

```
//取出栈顶元素
System.out.println("stack.peek():" + stack.peek().getName());
```

7.2 集　　合

7.2.1　Set 接口

Set 集合是继承于 Collection 的接口，它是一个不允许有重复元素的集合。Set 中最常被使用的是测试归属性，可以很容易询问某个对象是否在某个 Set 中。

HashSet 和 TreeSet 是 Set 的两个实现类。
- HashSet 依赖于 HashMap，HashSet 中的元素是无序的，使用散列函数存储数据；
- TreeSet 依赖于 TreeMap，TreeSet 中的元素是有序的，将元素存储在红黑树数据结构中。

7.2.2　HashSet 类

HashSet 是一个没有重复元素的集合。它是由 HashMap 实现的，不保证元素的顺序，而且 HashSet 允许使用 null 元素。

```
//新建 HashSet
        Set<Cat> cats = new HashSet<Cat>();

        Cat tomcat = new Cat();
tomcat.setName("Tom");

Cat jackcat = new Cat();
jackcat.setName("Jack");

Cat johncat = new Cat();
johncat.setName("John");

        cats.add(tomcat);
        cats.add(tomcat);
        cats.add(jackcat);
        cats.add(johncat);

//通过迭代器访问可以看到,Set 不允许有重复元素
        Iterator<Cat> it = cats.iterator();
        while(it.hasNext()) {
          Cat cat = (Cat)it.next();
          System.out.println(cat.getName());
        }
```

7.2.3 TreeSet 类

TreeSet 是一个有序的集合,它的作用是提供有序的 Set 集合。TreeSet 中的元素支持两种排序方式,自然排序或者根据创建 TreeSet 时提供的 Comparator 进行排序。

```java
class Cat implements Comparable{
    private String name;
    private int age;

    public String getName(){
        return name;
    }

    public void setName(String name){
        this.name = name;
    }

    public int getAge(){
        return age;
    }

    public void setAge(int age){
        this.age = age;
    }

    public int compareTo(Object o) {
        if (!(o instanceof Cat))
            throw new RuntimeException("不是 Cat 对象");
        Cat p = (Cat) o;
        if (this.age > p.age)
            return 1;
        if (this.age == p.age){
            return this.name.compareTo(p.name);
        }
        return -1;
    }
}

//新建 TreeSet
Set<Cat> cats = new TreeSet<Cat>();
```

```java
        Cat tomcat = new Cat();
tomcat.setName("Tom");
tomcat.setAge(2);

Cat jackcat = new Cat();
jackcat.setName("Jack");
jackcat.setAge(3);

Cat johncat = new Cat();
johncat.setName("John");
johncat.setAge(4);

        cats.add(tomcat);
        cats.add(tomcat);
        cats.add(jackcat);
        cats.add(johncat);

    //使用迭代器访问
    Iterator<Cat> it = cats.iterator();
    while(it.hasNext()){
      Cat cat = (Cat)it.next();
      System.out.println(cat.getName());
    }
```

7.3 映 射

7.3.1 Map 接口

Map 是映射接口，Map 中存储的内容是键值对(key-value)。Map 映射中不能包含重复的键，每个键最多只能映射到一个值。

AbstractMap 是继承于 Map 的抽象类，它实现了 Map 中的大部分 API。

- HashMap 继承于 AbstractMap，但没实现 NavigableMap 接口。因此，HashMap 的内容是"键值对，但不保证次序"。
- TreeMap 继承于 AbstractMap，且实现了 NavigableMap 接口。因此，TreeMap 中的内容是"有序的键值对"。

7.3.2 HashMap 类

HashMap 继承于 AbstractMap 类。
在 Cat 类中添加两个构造函数。

```java
public Cat(){
```

```java
        }

        public Cat(String name,int age){
            this.name = name;
            this.age = age;
        }
    }


        Map<String,Cat> cats = new HashMap<String,Cat>();
        cats.put("Tom", new Cat("Tom",2));
        cats.put("Jack", new Cat("Jack",3));
        cats.put("John", new Cat("John",4));

        Cat cat = cats.get("Tom");
        System.out.println(cat.getName());
        System.out.println(cats.containsKey("Jack"));
        System.out.println(cats.containsValue(cat));

        //通过Iterator遍历key-value
        Iterator iter = cats.entrySet().iterator();
        while(iter.hasNext()) {
          Map.Entry entry = (Map.Entry)iter.next();
          System.out.println("next : " + entry.getKey() + " - " +((Cat)entry.getValue()).getName());
        }
```

7.3.3　TreeMap 类

TreeMap 继承于 AbstractMap,实现了 Map 接口。TreeMap 是一个有序的 key-value 集合,它是通过红黑树实现的。

```java
Map<String,Cat> cats = new TreeMap<String,Cat>();
cats.put("Tom", new Cat("Tom",2));
cats.put("Jack", new Cat("Jack",3));
cats.put("John", new Cat("John",4));

Cat cat = cats.get("Tom");
System.out.println(cat.getName());
System.out.println(cats.containsKey("Jack"));
System.out.println(cats.containsValue(cat));

//通过Iterator遍历key-value
Iterator iter = cats.entrySet().iterator();
while(iter.hasNext()) {
```

```
        Map.Entry entry = (Map.Entry)iter.next();
        System.out.println("next : " + entry.getKey() + " - " +((Cat)entry.getValue()).getName());
    }
```

习　　题

1. 使用链表和映射存放多个图书信息,遍历并输出。其中,商品属性包括编号、名称、单价、出版社;使用商品编号作为映射中的 key。

2. 由控制台按照固定格式输入学生信息,包括学号、姓名、年龄信息,当输入的内容为 exit 时退出;将输入的学生信息分别封装到一个 Student 对象中,再将每个 Student 对象加入一个集合中,要求集合中的元素按照年龄大小正序排序;最后遍历集合,将集合中学生信息写入到记事本,每个学生数据占单独一行。

第 8 章 异常处理、输入输出

学习目标

- 了解处理异常的基本流程
- 掌握抛出异常和自定义异常类的基本方法
- 了解 Java 输入输出中流的概念
- 掌握输入输出的基本步骤
- 掌握字节输入输出流的相关类及其使用
- 掌握字符输入输出流的相关类及其使用
- 了解并掌握文本文件的读写方法
- 了解并掌握随机文件的读写方法
- 理解并掌握对象序列化的概念及相关 API 的使用

8.1 处理异常

异常是程序之中导致程序中断的一种指令流,异常一旦出现并且没有进行合理处理的话,程序就将中断执行。

我们执行以下程序时,会出现错误。

```
public class Test {
    public static void main(String args[]) {
        int result = 10 / 0;
    }
}
```

在控制台会出现如下信息:

```
Exception in thread "main" java.lang.ArithmeticException: / by zero
        at Test.main(Test.java:5)
```

一旦产生异常,产生异常的语句以及之后的语句将不再执行,默认情况下是进行异常信息的输出,而后自动结束程序的执行。

现在,我们要做的是,即使程序出现了异常,也要让程序正确地执行完毕。

如果希望程序出现异常之后依然可以正常完成的话,那么就可以使用如下的格式进行异常的处理:

```
public class Test {
```

```java
    public static void main(String args[]) {
        try {
            int result = 10 / 0; //异常
            System.out.println("除法计算结果:" + result); //之前语句有异常,此语句不再执行
        } catch (ArithmeticException e) {
            System.out.println(e);
                        //异常处理:输出错误信息 java.lang.ArithmeticException:/ by zero
        }
    }
}
```

除了 try-catch 格式处理异常外,还可以使用 try-catch-finally:

```java
public class Test {
    public static void main(String args[]) {
        try {
            int result = 10 / 1;
        } catch (ArithmeticException e) {
            e.printStackTrace();
        } finally {
            System.out.println("不管是否出现异常都执行");
        }
    }
}
```

8.2 抛出异常

throws 关键字主要是在方法定义上使用的,表示的是此方法之中不进行异常的处理,而交给被调用处处理。在调用 throws 声明方法的时候,一定要使用异常处理操作进行异常的处理,这属于强制性的处理。

```java
class MyMath {
    public int div(int x, int y) throws Exception {
        return x / y;
    }
}
```

现在的 div()方法之中抛了一个异常出来,表示所有的异常交给被调用处进行处理。

```java
class MyMath {
    public int div(int x, int y) throws Exception {
        return x / y;
    }
}
```

```java
public class Test {
    public static void main(String args[]) {
        try {
            System.out.println(new MyMath().div(10, 0));
        } catch (Exception e) {
            e.printStackTrace();
        }
    }
}
```

用户也可以自己手工抛出一个异常类实例化对象,就通过 throw 完成。

```java
public class Test {
    public static void main(String args[]) {
        try {
            throw new Exception("自定义的异常");
        } catch (Exception e) {
            e.printStackTrace();
        }
    }
}
```

8.3 自定义异常类

Java 本身已经提供了大量的异常类型,但这些异常类型还不能满足开发的需要,所以在一些系统架构之中往往会提供一些新的异常类型,来表示一些特殊的错误,这种操作就称为自定义异常类。要想实现这种自定义异常类,可以让一个类继承 Exception 或 RuntimeException。

```java
class MyException extends Exception {   //自定义异常类
    public MyException(String msg) {
        super(msg);
    }
}

public class Test {
    public static void main(String args[]) throws Exception {
        throw new MyException("自己的异常类");
    }
}
```

8.4 File 类

程序离不开数据,数据是应用的核心,因此负责数据读写的输入输出也是程序设计语言中不可缺少的一部分内容。程序可以通过输入读取外部存储器或设备上的数据,也可以通过输出将程序中的数据存储到外部存储器或设备,从而实现程序与文件系统之间的数据交换。

在 Java 语言中,与输入输出相关的类与接口定义在 java.io 包中。File 类的实例对象可以代表文件和目录,该类提供的方法可以完成文件和目录的创建、查找、删除,以及获取文件长度、文件读写权限等。

8.4.1 文件的创建

File 类的常用构造方法如下。
- File(String pathname):pathname 可以是一个文件名或路径名。
- File(String parent,String child):parent 是一个路径名,child 可以是一个文件名或路径名。
- File(File parent,String child):parent 是表示路径的 File 对象,child 可以是一个文件名,也可以是一个路径名。

可以根据需要使用上述某种形式的构造方法创建 File 对象,比如:

```
File file1,file2,file3,file4;
//创建一个表示路径的 File 对象
file1 = new File("d:\\mycode");
//创建一个表示文件的 File 对象
file2 = new File("log.txt");
//创建一个表示文件的 File 对象
file3 = new File("d:\\study","data.txt");
//创建一个指定目录 f1 和文件名的 File 对象
file4 = new File(f1,"data.txt");
```

不同的系统使用不同的符号表示路径分隔符。在 Windows 系统下使用反斜线(\)。在 UNIX 系统下使用正斜线(/)。在 Windows 系统下反斜线用来表示转义字符,因此路径分隔符需用两个反斜线。

可以通过 System 类的 getProperty()方法得到当前系统的路径分隔符:

```
String sep = System.getProperty("file.separator");
File f3 = new File("d:" + sep + "logs","log.txt");
```

8.4.2 File 类的主要方法

File 类提供了若干处理文件和获取它们基本信息的方法。本节将对 File 类的主要方法进行简要的介绍。

1. 获取 File 对象基本信息

可以用下述方法获得文件名、路径、绝对路径和父路径等信息。
- public String getName():返回 File 对象所表示的文件或路径名。
- public String getPath():返回 File 对象所表示的路径名。
- public String getAbsolutePath():返回 File 对象所表示的绝对路径名。

- public String getParent():返回 File 对象所表示的父路径名。

2. 测试 File 对象的属性

下述方法可以用于检测文件是否存在、是否可读、是否可写、是否隐藏,以及代表的是目录还是文件等信息。

- public boolean exists():测试 File 对象是否存在。
- public boolean canWrite():测试 File 对象是否可写。
- public boolean canRead():测试 File 对象是否可读。
- public boolean isFile():测试 File 对象是否是文件。
- public boolean isDirectory():测试 File 对象是否是目录。
- public boolean isHidden():测试 File 对象是否具有隐藏属性。
- public boolean isAbsolute():测试 File 对象的路径是否是绝对路径。

3. 一般文件操作方法

有时我们需要获取文件的长度、最新修改时间、重命名、删除等操作,可以利用下面的方法来实现。

- public long length():返回指定文件的字节长度,文件不存在时返回 0。
- public long lastModified():返回指定文件的最后修改时间。
- public boolean createNewFile():当文件不存在,创建一个空文件时返回 true,否则返回 false。
- public static File createTempFile(String prefix, String postfix, File directory):在指定的目录中创建指定前、后缀的文件。方法调用前,指定的文件不存在,操作成功。
- public boolean renameTo(File newName):重新命名指定的文件对象,正常重命名时返回 true,否则返回 false。
- public boolean delete():删除指定的文件。若为目录,当目录为空时才能删除。
- public void deleteOnExit():当虚拟机执行结束时,删除指定的文件或目录。

下面的示例程序是使用 File 类获取文件的相关信息,包括文件是否存在、文件名、文件的绝对路径、是否为文件、是否为目录、是否可读可写、更新时间、文件长度等信息,如果文件不存在,则给出"文件不存在"的文字提示。

【例 8.1】 获取文件基本信息。

```
import java.io.File;
public class FileTest {
    public static void main(String[] args) {
        File f = new File("d:\\mydocs\\a.txt");
        if(f.exists()){
            System.out.println("File Name:" + f.getName());
            System.out.println("Directory:" + f.getAbsolutePath());
            System.out.println("Is File?:" + f.isFile());
            System.out.println("Is Directory?:" + f.isDirectory());
            System.out.println("Can Read:" + f.canRead());
            System.out.println("Can Write:" + f.canWrite());
```

```
        System.out.println("Last Modified:" + new java.util.Date(f.lastModified()));
        System.out.println("Length:" + f.length() + " Byte(s).");
        }else{
        System.out.println("文件不存在");
        }
    }
}
```

4. 目录操作的方法

File 也可以代表目录,可以使用下面的方法实现目录的创建、查找目录中的文件与子目录等功能。

- public boolean mkdir():创建指定的目录,创建成功返回 true,创建不成功返回 false。
- public boolean mkdirs():创建路径不存在的目录,它创建目录以及该目录所有的父目录。
- public String[] list():将目录中所有文件及目录名保存在字符串数组中返回。
- public File[] listFiles():以 File 对象数组的形式返回文件列表。

下面的程序检测 c:\program files 目录是否存在,如果不存在,则创建该目录;如果存在,则获得该目录下所有文件和子目录的名称。

【例 8.2】 查看目录内容。

```
import java.io.File;
public class DirTest {
    public static void main(String[] args) {
        File f = new File("c:\\program files");
        if(! f.exists()){
            f.mkdirs();
        }else{
            if(f.isDirectory()){
            File[] names = f.listFiles();
            for(int i = 0;i < names.length;i++){
                System.out.println(names[i].getName())            }
            }
        }
    }
}
```

8.5 字节流

Java 程序的输入输出是基于流的,按数据流动方向,分为输入流(Input Stream)和输出流(Output Stream)。程序可以通过输入流获得外部数据,通过输出流将数据写入存储器或目标设备。此外,所有的数据流都是单向的,只能从输入数据流中读取数据,不能向其中写数据;同样,只能向输出数据流写数据,不能从中读取数据。

按照能够处理的数据类型,数据流又可分为字节流和字符流,它们处理的信息的基本单位分别是字节和字符。因此,输入输出流可分为四种类型,Java 类库中定义了四个抽象类来实现这四种数据流:字节输入类 InputStream、字节输出流类 OutputStream、字符输入流类 Reader 类和字符输出流类 Writer。

不管数据来自何处或流向何处,也不管是什么类型,顺序读写数据的算法步骤基本上都是一样的。

(1) 读数据:首先需要建立输入流对象,然后从输入流中读取数据。

(2) 写数据:首先建立输出流对象,然后向输出流中写数据。

8.5.1 InputStream 和 OutputStream

InputStream 和 OutputStream 是所有字节输入/输出流的超类,它们都拥有多个子类,如图 8.1 和图 8.2 所示。

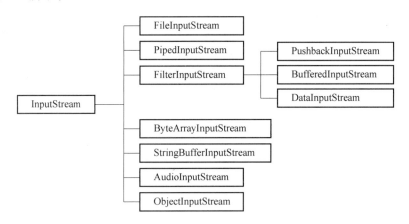

图 8.1 InputStream 类及其子类

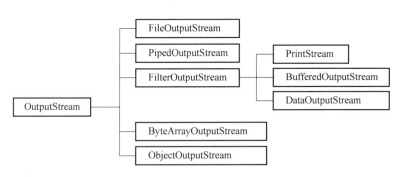

图 8.2 OutputStream 类及其子类

1. InputStream 类的主要方法

字节输入流 InputStream 类定义的方法如下。

- public int read():从输入流中读取下一个字节并返回它的值,返回的字节值是 0～255 的整数值。如果读到输入流末尾,返回 -1。

- public int read(byte[] b):从输入流中读多个字节,存入字节数组 b 中,如果输入流结束,返回 -1。

- public int read(byte[]b, int offset, int len):从输入流中读 len 个字节,存入字节数组 b 中从 offset 开始的元素中,如果输入流结束,返回 -1。
- public long skip(long n):从输入流中向后跳 n 个字节,返回实际跳过的字节数。
- public int available():返回输入流中可读或可跳过的字节数。
- public void mark():标记输入流的当前位置。
- public void reset():重定位于 mark 标记的输入流的位置。
- public boolean markSupported():测试输入流是否支持 mark()和 reset()方法。
- public void close():关闭输入流,并释放相关的系统资源。

2. OutputStream 类的主要方法

字节输出流 OutputStream 类定义的主要方法如下。

- public void write(int b):把指定的 b 低位字节写入输出流。
- public void write(byte[] b):把指定的字节数组 b 的 b.length 个字节写入输出流。
- public void write(byte[] b, int offset, int len):把指定的字节数组 b 中从 offset 开始的 len 个字节写入输出流。
- public void flush():刷新输出流,输出全部缓存内容。
- public void close():关闭输出流,并释放系统资源。

8.5.2 FileInputStream 和 FileOutputStream

FileInputStream 和 FileOutputStream 类用来进行文件的 I/O 处理,由它们所提供的方法可以打开本地机上的文件,并进行顺序的读写。

类 FileInputStream 覆盖了超类 InputStream 中的 read()、skip()、available()、close()方法,但不支持 mark()、reset()方法。

文件输入流的两个常用的构造方法如下。

- FileInputStream(String name):用表示文件的字符串对象创建文件输入流对象。
- FileInputStream(File file):用 File 对象创建文件输入流对象。若指定的文件不存在,则产生 FileNotFoundException 异常,它是非运行时异常,必须捕获或声明抛出。也可以先创建 File 对象,然后测试该文件是否存在,若存在再创建文件输入流。

文件输出流的常用构造方法如下。

- FileOutputStream(String name)。
- FileOutputStream(File file)。
- FileOutputStream(String name, boolean append)。

前两个构造方法,若文件不存在,则创建一个新文件,若存在则原文件的内容被覆盖。第三个构造方法的 append 参数如果为 true,则指明打开的文件输出流不覆盖原来的内容,而是从文件末尾写入新内容,否则覆盖原来的文件内容。

FileOutputStream 类覆盖了超类的 write()方法,可以使用该方法向输出流中写数据。

下面的程序使用 FileInputStream 和 FileOutputStream 对象实现了文件拷贝:将文件 a.txt 中的内容复制到文件 b.txt 中。

【例 8.3】 文件拷贝。

```java
import java.io.*;
public class CopyDemo {
    public static void main(String[] args) throws IOException {
        File sourceFile = new File("a.txt");
        File destFile = new File("b.txt");
        FileInputStream in = new FileInputStream(sourceFile);
        FileOutputStream out = new FileOutputStream(destFile);
        int c;
        while ((c = in.read()) != -1){
            out.write(c);
        }
        System.out.println("File Copy Successfully.");
        in.close();
        out.close();
    }
}
```

8.5.3 过滤流

基本输入/输出流只提供了读写字节的 read() 和 write() 方法，但有时需要从流中读取基本类型的数据，如整数、浮点数或字符串，或者将这些数据写到输出流中。为此，Java 提供了过滤流来实现这一功能。

FilterInputStream 和 FilterOutputStream 分别表示过滤输入流和过滤输出流，它们是所有过滤流的超类，其子类如表 8.1 所示。

表 8.1 过滤流及其子类

过滤流	子类	用途
FilterInputStream	DataInputStream	处理所有基本数据类型
	BufferedInputStream	从缓冲区中获取数据
	PushbackInputStream	回推输入流
	LineNumberInputStream	跟踪读取了多少行
FilterOutputStream	DataOutputStream	数据输出流
	BufferedOutputStream	缓冲输出流
	PrintStream	打印输出流

过滤流的主要功能是对节点流进行包装，使它能够实现基本数据类型的读写或使流具有缓冲功能。

BufferedInputStream 为缓冲输入流，BufferedOutputStream 为缓冲输出流，这两个类用来对数据流实现缓冲功能。通过缓冲流可以减少读写数据的次数，从而加快输入输出的速度。

缓冲流使用字节数组实现缓冲，当输入数据时，数据成块地读入数组缓冲区，然后程序再从缓冲区中读取单个字节;输出时,数据先写入数组,然后再将整个数组写到输出流中。

(1) BufferedInputStream

缓冲输入流 BufferedInputStream 的构造方法如下:

- BufferedInputStream(InputStream in)。
- BufferedInputStream(InputStream in, int size)。

其中,

- in:为输入流对象;
- size:用来指定缓冲区的大小,如果没有指定缓冲区大小,默认为 512 个字节。

(2) BufferedOutputStream

缓冲输出流 BufferedOutputStream 类的构造方法如下:

- BufferedOutputStream(OutputStream out)。
- BufferedOutputStream(OutputStream out, int size)。

其中,

- out:输出流对象;
- size:用来指定缓冲区的大小,如果没有指定缓冲区大小,默认为 512 个字节。

【例 8.4】 使用缓冲流完成文件拷贝。

```java
import java.io.BufferedInputStream;
import java.io.BufferedOutputStream;
import java.io.FileInputStream;
import java.io.FileOutputStream;
import java.io.IOException;

public class BufferedCopyDemo {
    public static void main(String[] args) throws IOException {
        BufferedInputStream bis =
        new BufferedInputStream(new FileInputStream("d:\\a.txt"));
        BufferedOutputStream bos =
        new BufferedOutputStream(new FileOutputStream("d:\\b.txt"));
        int i;

        do {
            i = bis.read();
            if (i != -1) {
                bos.write(i);
            }
        } while (i != -1);

        bis.close();
        bos.close();
    }
}
```

8.5.4 数据输入/输出流

DataInputStream 和 DataOutputStream 类分别是数据输入流和数据输出流。使用这两个类的对象可以实现基本数据类型的输入输出。

两个类的构造方法分别定义为：
- DataInputStream(InputStream instream)，参数 instream 是字节输入流对象。
- DataOutputStream(OutputStream outstream)，参数 outstream 是字节输出流对象。

下面的语句分别创建了一个数据输入流和数据输出流。第一条语句为文件 in.dat 创建了一个数据输入流，第二条语句为文件 out.dat 创建了一个数据输出流。

```
DataInputStream inFile = new DataInputStream(new FileInputStream("in.dat"));
DataOutputStream outFile = new DataOutputStream(new FileOutputStream("out.dat"));
```

DataInputStream 类和 DataOutputStream 类中定义了输入和输出基本类型数据和字符串的方法，这些方法分别实现了 java.io 包的 DataInput 和 DataOutput 接口中定义的方法。

DataInputStream 类定义的常用方法如下。
- public boolean readBoolean()：从输入流读入一个字节，非 0 返回 true，0 返回 false。
- public byte readByte()：从输入流读入一个字节并返回该字节。
- public char readChar()：从输入流读入一个字符并返回该字符。
- public short readShort()：从输入流中读入 2 个字节，返回一个 short 型值。
- public int readInt()：从输入流中读入 4 个字节，返回一个 int 型值。
- public long readLong()：从输入流中读入 8 个字节，返回一个 long 型值。
- public float readFloat()：从输入流中读入 4 个字节，返回一个 float 型值。
- public double readDouble()：从输入流中读入 8 个字节，返回一个 double 型值。
- public String readLine()：从输入流中读入下一行文本。该方法已被标记为不推荐使用。
- public String readUTF()：从输入流中读入 UTF-8 格式的字符串。

DataOutputStream 类定义的常用方法如下。
- public void write(int b)：把 b 的低 8 位写入输出流，忽略高 24 位。
- public void write(byte[] b)：把数组 b 中的所有字节写入输出流。
- public void write(byte[] b, int off, int len)：把数组 b 中从 off 开始的 len 个字节写入输出流。
- public void writeBoolean(boolean v)：将一个布尔值写入输出流。
- public void writeByte(int v)：将 v 低 8 位写入输出流，忽略高 24 位。
- public void writeChar(int v)：向输出流中写一个 16 位的字符。
- public void writeShort(int v)：向输出流中写一个 16 位的整数。
- public void writeInt(int v)：向输出流中写一个 4 个字节(32 位)的整数。
- public void writeLong(long v)：向输出流中写一个 8 个字节(64 位)的长整数。
- public void writeFloat(float v)：向输出流中写一个 4 个字节(32 位)的 float 型浮点数。
- public void writeDouble(double v)：向输出流中写一个 8 个字节(64 位)的 double 型

浮点数。
- public void writeBytes(String s):将参数字符串中每个字节按顺序写到输出流中。
- public void writeChars(String s):将参数字符串中每个字符按顺序写到输出流中,每个字符占两个字节。
- public void writeUTF(String str):向输出流中写入一个 2 个字节的 UTF 格式的字符串。

【例 8.5】 使用输入输出流输出基本数据类型的数据。

```
import java.io.*;
public class DataOutputDemo{
  public static void main(String args[]){
    try{
      FileOutputStream fos = new FileOutputStream("output.dat",true);
      BufferedOutputStream bos = new BufferedOutputStream(fos);
      DataOutputStream dos = new DataOutputStream(bos);
      dos.writeDouble(23.67);
      dos.writeInt(500);
      dos.writeChar('s');
      dos.writeUTF("Java 语言很酷!");
      dos.close();
      bos.close();
      fos.close();
    }catch(IOException e){}
  }
}
```

下面的程序 DataInDemo.java 使用 DataInputStream 流从文件中读取基本数据类型的数据或字符串。

【例 8.6】 使用数据输入流读取基本数据类型的数据。

```
import java.io.*;
public class DataInputDemo{
  public static void main(String args[]){
    try{
      FileInputStream fi = new FileInputStream("output.dat");
      BufferedInputStream bo = new BufferedInputStream(fi);
      DataInputStream di = new DataInputStream(bo);
      while(di.available()>0){
        double d = di.readDouble();
        int i = di.readInt();
        char c = di.readChar();
        String str = di.readUTF();
        System.out.println("d = " + d);
```

```
            System.out.println("i = " + i);
            System.out.println("c = " + c);
            System.out.println("str = " + str);
            }
            di.close();
            bo.close();
            fi.close();
        }catch(IOException e){}
    }
}
```

程序运行结果如下:

d = 23.67

i = 500

c = s

str = Java 语言很酷!

从运行结果可以看出,通过数据输入流类可以直接读出已经保存的基本数据类型的数据。

8.5.5　PrintStream 类

PrintStream 类为打印各种类型的数据提供了方便。用该类对象输出的内容是以文本的方式输出,如果输出到文件中则可以以文本的形式浏览。

PrintStream 类的常用构造方法有如下几种形式。

- public PrintStream(String fileName):使用参数指定的文件创建一个打印输出流对象。
- public PrintStream(File file):使用参数指定的 File 创建一个打印输出流对象。
- public PrintStream(OutputStream out)。
- public PrintStream(OutputStream out,boolean autoFlush)。

PrintStream 类的常用方法如下。

- public void println(boolean b):输出一个 boolean 型数据。
- public void println(char c):输出一个 char 型数据。
- public void println(char[] s):输出一个 char 型数组数据。
- public void println(int i):输出一个 int 型数据。
- public void print(long l):输出一个 long 型数据。
- public void println(float f):输出一个 float 型数据。
- public void println(double d):输出一个 double 型数据。
- public void println(String s):输出一个 String 型数据。
- public void println(Object obj):将 obj 转换成 String 型数据,然后输出。

println()方法输出后换行,print()方法输出后不换行。这些方法参数如果是数字类型,则把数据转换成字符串,然后输出。若把对象传递给这两个方法,则先调用对象的 toString()方法将对象转换为字符串形式,然后输出。

下面的程序随机产生 50 个 1 到 100 之间的整数,然后使用 PrintStream 对象输出到文件 print.txt 中。

【例 8.7】 使用打印输出流输出文本文件。

```java
import java.io.IOException;
import java.io.PrintStream;

public class RandomNumberDemo {
    public static void main(String[] args) {
        PrintStream ps = null;
        try {
            ps = new PrintStream("d:\\print.txt");
        } catch (IOException e) {
            e.printStackTrace();
        }

        for (int i = 0; i < 50; i++) {
            int num = (int)(Math.random() * 100) + 1;
            ps.println(num);
        }
    }
}
```

8.5.6 标准输入输出流

计算机系统都有标准输入设备和标准输出设备。对一般系统而言,标准输入设备通常是键盘,而标准输出设备是屏幕。

Java 程序经常需要从键盘上输入数据,从屏幕上输出数据,为此频繁创建输入/输出流对象将很不方便。Java 系统事先定义好了两个对象,分别与系统的标准输入和标准输出相联系,它们是 System.in 和 System.out,另外还定义了标准错误输出流 System.err。

System.in 是标准输入流,它是 InputStream 类的实例。可以使用 read()方法从键盘上读取字节,也可以将它包装成数据流读取各种类型的数据和字符串。

在使用 System.in 的 read()方法时要注意:由于 read()方法在定义时抛出了 IOException 异常,因此必须使用 try-catch 结构捕获异常或声明抛出异常。

System.out 和 System.err 是 PrintStream 类的实例,是标准输出流和标准错误输出流。

8.6 字 符 流

字符流在读写数据的时候以字符作为基本单位。Reader 和 Writer 是 Java IO 中最基本的两个字符流类,任何字符输入流都直接或间接继承了 Reader 和 Writer。

8.6.1 Reader 类和 Writer 类

字符输入输出流类的层次结构如图 8.3 和图 8.4 所示。

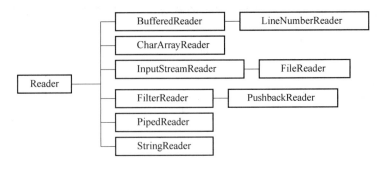

图 8.3 字符输入流及其子类

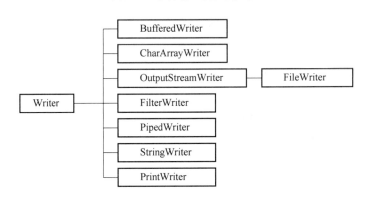

图 8.4 字符输出流及其子类

抽象类 Reader 是字符输入流类的根类，抽象类 Writer 是字符输出流的根类，它们实现了字符的读写。

Reader 类中定义的方法主要如下。

- public int read()：读取一个字符，返回 0 到 65 535 之间的 int 型值，如果到达流的末尾返回 -1。
- public int read(char[] cbuf)：读取多个字符到字符数组 cbuf 中，如果到达流的末尾返回 -1。
- public int read(char[] cbuf, int off, int len)：读取 len 个字符存放到字符数组从 off 开始的位置中。
- public void mark(int readAheadLimit)：标记输入流的当前位置。
- public boolean markSupported()：测试输入流是否支持 mark()方法。
- public void reset()：重定位输出流。
- public long skip(long n)：从输入流中最多向后跳 n 个字符，返回实际跳过的字符数。
- public boolean ready()：返回输入流是否做好读的准备。
- public void close()：关闭输入流。

Writer 类中定义的方法主要如下。

- public void write(int c)：向输出流中写一个字符，实际是将 int 型的 c 的低 16 位写入输出流。
- public void write(char[] cbuf)：把字符数组 cbuf 中的字符写入输出流。

- public void write(char [] cbuf, int off, int len):把字符数组 cbuf 中从 off 开始的 len 个字符写入输出流。
- public void write(String str):把字符串 str 写入输出流中。
- public void write(String str, int off, int len):把字符串 str 中从 off 开始的 len 个字符写入输出流中。
- public void flush():刷新输出流。
- public void close():关闭输出流。

8.6.2 FileReader 类和 FileWriter 类

FileReader 类是文件输入流,FileWriter 类是文件输出流。当操作的文件中是字符数据时,推荐使用这两个类。

FileReader 继承了 InputStreamReader,构造方法的定义如下。
- public FileReader(String fileName):用字符串表示的文件构造一个文件输入流对象。
- public FileReader(File file):用 File 对象表示的文件构造一个文件输入流对象。

FileWriter 继承了 OutputStreamWriter,构造方法的定义如下。
- public FileWriter(String fileName)。
- public FileWriter(File file)。
- public FileWriter(String fileName, boolean append)。

第三个构造方法中的参数 append 用于指定是否是向文件追加数据。

下面的程序使用 FileReader 和 FileWriter 完成文件的复制。

【例 8.8】 文件拷贝。

```java
import java.io.*;

publicclass CopyByCharsDemo {
    publicstaticvoid main(String[] args) throws IOException {
        File inputFile = new File("input.txt");
        File outputFile = new File("output.txt");
        FileReader in = new FileReader(inputFile);
        FileWriter out = new FileWriter(outputFile);
        int c;
        while ((c = in.read()) != -1) {
            out.write(c);
        }
        in.close();
        out.close();
    }
}
```

8.6.3 BufferedReader 类和 BufferedWriter 类

字符缓存输入输出流类分别为 BufferedReader 和 BufferedWriter。BufferedReader 类的

构造方法如下。
- public BufferedReader(Reader in)：使用默认的缓冲区大小创建缓冲字符输入流。
- public BufferedReader(Reader in，int sz)：使用指定的缓冲区大小创建缓冲字符输入流。

可以用下面的代码创建一个 BufferedReader 对象：

BufferedReader in = new BufferedReader(new FileReader("foo.in"));

BufferedReader 类除了重写超类 Reader 类的方法之外，还定义了如下方法用于每次读取一行数据。
- public String readLine()：从输入流中读取一行文本。

BufferedWriter 类的构造方法定义如下。
- BufferedWriter(Writer out)：使用默认的缓冲区大小创建缓冲字符输出流。
- BufferedWriter(Writer out，int sz)：使用指定的缓冲区大小创建缓冲字符输出流。

除继承 Writer 类的方法外，该类定义了 void newLine() 方法，用来写一个行分隔符。建议在 Writer 上使用包装流 BufferedWriter。例如：

BufferedWriter br = new BufferedWriter(new FileWriter("out.dat"));

下面的程序用于读取文本文件中的所有数据并输出。

【例 8.9】 读取文本文件内容。

```java
import java.io.BufferedReader;
import java.io.FileReader;

public class ReadText {
    public static void main(String[] args) throws Exception {
        String fileName = "d:\\test.txt";
        FileReader inFile = new FileReader(fileName);
        BufferedReader reader = new BufferedReader(inFile);

        String str_line = reader.readLine();
        while (str_line != null) {
            str_line = reader.readLine();
            System.out.println(str_line);
        }
        reader.close();
    }
}
```

8.7 读写文本文件

文本文件是包含字符序列的文件，可以使用文本编辑器对其打开并进行查看和编辑。

Java 程序源文件就是文本文件。内容必须按二进制序列处理的文件称为二进制文件。文本文件主要供人阅读,二进制文件主要供程序阅读。二进制文件的优点在于处理效率比文本文件高。

8.7.1 读文本文件

可以借助 Scanner 类读取文本文件中的数据内容。Scanner 类的常用构造方法主要有如下几种形式。

- public Scanner(String source):用指定的字符串(source)构造一个 Scanner 对象,以便从中读取数据。
- public Scanner(InputStream source):用指定的输入流(source)构造一个 Scanner 对象,以便从中读取数据。
- public Scanner(File source) throws FileNotFoundException:用指定的 File 对象 (source)构造一个 Scanner 对象,以便从中读取数据。从文件中读出的字节通过使用基本的平台默认字符集转换为字符。

Scanner 类的常用方法主要如下。

- public byte nextByte():读取下一个标记并将其解析成 byte 型数。
- public short nextShort():读取下一个标记并将其解析成 short 型数。
- public int nextInt():读取下一个标记并将其解析成 int 型数。
- public long nextLong():读取下一个标记并将其解析成 long 型数。
- public float nextFloat():读取下一个标记并将其解析成 float 型数。
- public double nextDouble():读取下一个标记并将其解析成 double 型数。
- public boolean nextBoolean():读取下一个标记并将其解析成 boolean 型数。
- public String next():读取下一个标记并将其解析成字符串。
- public String nextLine():读取当前行作为一个 String 型字符串。
- public Scanner useDelimiter(String pattern):设置 Scanner 对象使用的分隔符的模式。pattern 为一个合法的正则表达式。
- public void close():关闭 Scanner 对象。

下面的程序利用 Scanner 对象读取文本文件中的文本内容并打印输出。

【例 8.10】 使用 Scanner 读取文本文件内容。

```java
import java.io.File;
import java.io.IOException;
import java.util.Scanner;

public class ReadTextByScanner {
    public static void main(String[] args) throws IOException {
        File file = new File("d:\\test.txt");
        Scanner scanner = new Scanner(file);
        while (scanner.hasNextLine()) {
            String str = scanner.nextLine();
```

```
            System.out.println(str);
        }
    }
}
```

8.7.2 写文本文件

由前面介绍的字节输出流可知,PrintStream 可以用于将数据输出到文本文件。在字符输出流中,也提供了一个 PrintWrite 类,用于实现字符打印输出流,它的构造方法的定义形式如下:

- PrintWriter(Writer out);
- PrintWriter(Writer out, boolean autoFlush);
- PrintWriter(OutputStream out);
- PrintWriter(OutputStream out, boolean autoFlush)。

该类的方法与 PrintStream 类的方法类似,可以参阅 JDK API 文档的相关内容。

下面的程序从键盘读入用户输入的数据,然后将其写入"data.txt"文件中。

【例 8.11】 写文本文件。

```
import java.io.BufferedReader;
import java.io.File;
import java.io.FileWriter;
import java.io.IOException;
import java.io.InputStreamReader;
import java.io.PrintWriter;
public class InputByKeyboard {
    public static void main(String[] args) {
        File file = new File("data.txt");
        BufferedReader reader = null;
        PrintWriter writer = null;
        try {
            reader = new BufferedReader(new InputStreamReader(System.in));
            writer = new PrintWriter(new FileWriter(file));
            System.out.println("输入 quit 退出程序!");

            String line = null;
            line = reader.readLine();
            while (line != null && ! line.equals("quit")) {
                writer.println(line);
                line = reader.readLine();
            }
        } catch (IOException e) {
            e.printStackTrace();
```

```
        } finally {
            try {
                if (reader != null)    reader.close();
                if (writer != null)    writer.close();
            } catch (Exception e) {
                e.printStackTrace();
            }
        }
    }
}
```

8.8 读写随机文件

前面所使用的数据流都是按照顺序进行读写的,而实际应用中可能需要对文件进行随机读写。Java 提供了 RandomAccessFile 类来处理文件的随机读写。

RandomAccessFile 类的两个构造方法为:

- RandomAccessFile(String name,String mode);
- RandomAccessFile(File file,String mode)。

其中的参数:

- name 和 file 分别是用字符串表示的和用 File 对象表示的文件;
- mode 用来指定文件的模式,有四种选择(r、rw、rwd 和 rws)。r 表示以只读方式打开文件;rw 表示以读写方式打开文件;rwd 和 rws 类似于 rw,分别表示当对文件内容更新时,将更新同步写到存储设备上。

RandomAccessFile 类直接继承于 Object 类,同时也实现了 DataInput 和 DataOutput 两个接口。文件打开后,可以使用 RandomAccessFile 类中定义的方法读写数据。它不仅支持读写字节的方法,还支持读写基本数据类型的方法。

(1) 读写字节的方法

- public int read() throws IOException
- public int read(byte dest[])throws IOException
- public int read(byte dest[],int offset,int len) throws IOException
- public void write(int b) throws IOException
- public void write(byte b[]) throws IOException
- public void write(byte b[],int offset,int len) throws IOException

(2) 读写基本数据类型及字符串的方法

- public boolean readBoolean()
- public byte readByte()
- public char readChar()
- public short readShort()
- public int readInt()

- public long readLong()
- public float readFloat()
- public double readDouble()
- public String readLine()
- public String readUTF()
- public void writeBoolean(Boolean v)
- public void writeByte(int v)
- public void writeChar(int v)
- public void writeShort(int v)
- public void writeInt(int v)
- public void writeLong(long v)
- public void writeFloat(float v)
- public void writeDouble(double v)
- public void writeBytes(String s)
- public void writeUTF(String str)

（3）其他常用方法

- public long getFilePointer()：返回文件指针的当前位置，位置0标志文件的开始。
- public void seek(long pos)：将文件指针定位到指定的位置pos，该位置是按照从文件开始的字节偏移量给出的，文件头的位置为0。
- public long length()：返回文件的长度，位置length()标志文件的结束。
- public void setLength(long newLength)：设置文件长度，如果文件原长度大于newLength，文件将被截短；若小于newLength，文件将被扩展。
- public void close()：随机存取文件不再需要，应使用该方法关闭。

有时需要在文件的尾部添加数据，这时可以使用随机存取文件length()方法来得到文件长度，然后使用seek()方法将文件指针定位到该位置，接下来可以从该位置写入数据。代码如下：

```
RandomAccessFile raFile = new RandomAccessFile("java.log","rw");
raFile.seek(raFile.length()); //文件指针指向文件尾
raFile.writeDouble(d); //向文件末尾写一个double型数据
```

下面的程序实现了文件的随机读写操作。

【例8.12】 读写随机文件。

```
import java.io.IOException;
import java.io.RandomAccessFile;

public class RandomAccessFileTest {
    public static void main(String args[]) throws IOException {
        RandomAccessFile file = new RandomAccessFile("randfile.dat", "rw");
        String s = "Hello World\r\n";
```

```
        double d = 1.234;
        long l = 34556;
        file.seek(0);
        file.writeBytes(s);
        file.writeDouble(d);
        file.writeLong(l);
        System.out.println("随机文件长度为:" + file.length());
        file.seek(0); //文件指针指向文件开始的位置
        System.out.println(file.readLine());
        System.out.println(file.readDouble());
        System.out.println(file.readLong());
        file.seek(13); //移动到第13个字节的位置上
        System.out.println(file.readDouble());
        file.close();
    }
}
```

8.9 对象序列化

实例对象通常因生成该对象的程序终止而不再存在,但是在有些应用场景中需要将对象的状态保存下来,以便需要的时候能够将对象进行恢复。

8.9.1 对象序列化

通常,我们将程序中的对象输出到外部设备(如磁盘、网络)中,称为对象序列化。从外部设备将对象读入程序中称为对象反序列化。

如果一个类的对象能够被序列化和反序列化,那么该类必须实现 java.io.Serializable 接口或 java.io.Externalizable 接口。

Serializable 接口的定义如下:

```
public interface Serializable{
}
```

Serializable 接口只是标识性接口,其中没有定义任何方法。

下面的程序定义了一个类 Student,实现了 Serializable 接口,这样 Student 类的对象就可以被序列化和反序列化。

【例 8.13】 可序列化类的定义。

```
import java.io.*;
public class Student implements Serializable{
    int id;
    String name;
    int age;
```

```
    String department;
    public Student(int id,String name,int age,String department){
        this.id = id;
        this.name = name;
        this.age = age;
        this.department = department;
    }
}
```

8.9.2　ObjectOutputStream 类和 ObjectInputStream 类

对象状态的保存和恢复可以通过 java.io 中的两个字节流类：ObjectOutputStream 和 ObjectInputStream 实现，即对象输入流和对象输出流。

ObjectInputStream 类继承了 InputStream 类，实现了 ObjectInput 接口，而 ObjectInput 接口又继承了 DataInput 接口。ObjectOutputStream 类继承了 OutputStream 类，实现了 ObjectOutput 接口，而 ObjectOutput 接口又继承了 DataOutput 接口。这些类和接口的层次关系如图 8.5 所示。

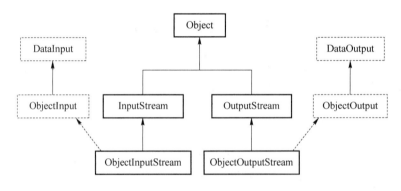

图 8.5　对象输入流/对象输出流的层次关系

（1）向 ObjectOutputStream 中写入对象

将对象状态保存到外部设备就需要建立 ObjectOutputStream 类的对象，该类的构造方法定义为：

`public ObjectOutputStream(OutputStream out)`

调用 writeObject()方法将一个对象写入输出流中，方法的定义为：

`public final void writeObject(Object obj) throws IOException`

若写入的对象不是可序列化的，writeObject()方法会抛出 NotSerializableException 异常。

由于 ObjectOutputStream 类间接实现了 DataOutput 接口，该接口中定义多个方法用来写入基本数据类型，如 writeInt()、writeFloat()及 writeDouble()等，因此我们可以使用这些方法向 ObjectOutputStream 中写入基本数据类型。

下面的代码实现将一些数据和对象写到对象输出流中：

```
FileOutputStream fos = new FileOutputStream("data.ser");
ObjectOutputStream oop = new ObjectOutputStream(fos);
oop.writeInt(100);
oop.writeObject("Hello");
oop.writeObject(new Date());
oop.flush();
fos.close();
oop.close();
```

(2) 从 ObjectInputStream 中读出对象

若要从外部设备上读取对象,要建立 ObjectInputStream 类的对象。ObjectInputStream 类的构造方法定义形式为:

```
public ObjectInputStream(InputStream in)
```

通过调用 ObjectInputStream 类的方法 readObject()方法可以将一个对象读出,方法声明格式为:

```
public final Object readObject() throws IOException
```

在使用 ObjectInputStream 类的 readObject()方法读出对象时,其类型和顺序必须与写入时一致。由于该方法返回 Object 类型,因此在读出对象时需要进行强制类型转换。

ObjectInputStream 类实现了 DataInput 接口,该接口中定义了读取基本数据类型的方法,如 readInt()、readFloat()及 readDouble(),使用这些方法我们可以从 ObjectInputStream 流中读取基本数据类型。

下面的代码利用对象输入流读取对象数据:

```
FileInputStream fis = new FileInputStream("data.ser");
ObjectInputStream oip = new ObjectInputStream(fis);
int i = oip.readInt();
String today = (String)oip.readObject();
Date date = (Date)oip.readObject();
fis.close();
oip.close();。
```

下面用一个示例程序来演示对象的序列化与反序列化,所要保存的对象类型就是前面定义的 Student 类。

【例 8.14】 对象的序列化与反序列化。

```
import java.io.*;
public class ObjectSerializeDemo{
  public static void main(String args[])
        throws IOException,ClassNotFoundException{
    Student stu = new Student(
            20100121,"Zhang San",18,"CS Dept");
    Student stu1 = new Student(
```

```
                20100302,"Wang Le",21,"Mathematics Dept");
    //实现对象序列化
    FileOutputStream fout = new FileOutputStream("data.dat");
    ObjectOutputStream sout = new ObjectOutputStream(fout);
    sout.writeObject(stu);
    sout.writeObject(stu1);
    sout.close();
    stu = null;

    //实现对象反序列化
    FileInputStream fin = new FileInputStream("data.dat");
    ObjectInputStream sin = new ObjectInputStream(fin);
    while(true){
       try{
            stu = (Student)sin.readObject();
       }catch(EOFException e){
            break;
       }
       System.out.println("id = " + stu.id);
       System.out.println("name = " + stu.name);
       System.out.println("age = " + stu.age);
       System.out.println("department = " + stu.department);
    }
    sin.close();    fin.close();
  }
}
```

习　　题

1. 选择题

(1) 使用 Java IO 流实现对文本文件的读写过程中,需要处理(　　)异常。

A. ClassNotFoundException　　　　B. IOException

C. SQLException　　　　　　　　　D. RemoteException

(2) 在 Java 中,下列关于读写文件的描述错误的是(　　)。

A. Reader 类的 read()方法用来从源中读取一个字符的数据

B. Reader 类的 read(int n)方法用来从源中读取一个字符的数据

C. Writer 类的 write(int n)方法用来向输出流写入单个字符

D. Writer 类的 write(String str)方法用来向输出流写入一个字符串

(3) 以下选项中关于如下代码的说法正确的是(　　)。(选择两项)

```
public class TestBuffered {
```

```java
public static void main(String[] args) throws IOException {
    BufferedReader br = 
        new BufferedReader(new FileReader("d:/bjsxt1.txt"));
    BufferedWriter bw = 
        new BufferedWriter(new FileWriter("d:/bjsxt2.txt"));
    String str = br.readLine();
    while(str != null){
        bw.write(str);
        bw.newLine();
        str = br.readLine();
    }
    br.close();
    bw.close();
}
```

A. 该类使用字符流实现了文件复制,将 d:/bjsxt1.txt 复制为 d:/bjsxt2.txt

B. FileReader 和 FileWriter 是处理流,直接从文件读写数据

C. BufferedReader 和 BufferedWriter 是节点流,提供缓冲区功能,提高读写效率

D. readLine()可以读取一行数据,返回值是字符串类型,简化了操作

2. 判断题

(1) Java 中所有的 I/O 都是通过流来实现的。(　　)

(2) 所有的字节输入/输出流类都继承于 InputStream 和 OutputStream。(　　)

(3) 使用 read()方法从输入流中读取数据,如果数据已全部读完,该方法的返回值应该为 0。(　　)

(4) Java 中可以使用 FileOutputStream 或 FileWriter 进行文本文件的写操作。(　　)

(5) File 对象可以代表文件,也可以代表目录。(　　)

(6) Reader 和 Writer 是字节输入输出流的基类。(　　)

(7) Java 中的输入输出流类定义在 java.io 包中。(　　)

(8) 系统的标准输入流是 System.in。(　　)

(9) 使用 Scanner 对象可以读取键盘输入和文本文件的内容。(　　)

(10) RandomAccessFile 类的对象可读写 Java 基本数据类型的数据。(　　)

3. 编程题

(1) 编写程序实现文件的改名,要求文件名从命令行得到,第一个参数为源文件名,第二个参数为要更改的文件名。要求:如果源文件不存在,需要给出提示;如果源文件存在,也需要给出提示。

(2) 编写程序,使其能列出用户在命令行参数中指定的目录下的文件和子目录。

(3) 编写程序,从命令行输入文件名,程序完成对该文件的删除操作。如果该文件不存在,需要给出提示。

(4) 编写程序,随机生成 100 个 1 000 到 2 000 之间的整数并写入到文件 out.dat 中,从该

文件中读取这些数据并按照从小到大的顺序排序,然后写到同一个文件中。要求使用 DataInputStream 和 DataOutputStream 实现。

(5) 编写程序,统计一个文本文件中的字符数、单词数和行的数目。

(6) 编写程序,定义一个 Employee 类,属性包括编号、姓名、部门、年龄、工资等,使用对象输出流将几个 Employee 对象写入 employee.dat 文件中,然后使用对象输入流读出这些对象并显示信息。

第 9 章 图形界面开发

学习目标

- 了解 JavaFX 的程序结构
- 掌握 Application 类及其方法
- 理解 JavaFX 中的节点和场景图
- 掌握 JavaFX 程序的创建方法
- 熟悉 JavaFX 的组件使用

JavaFX 是 Java 的下一代图形用户界面工具包,是一组图形和媒体 API。它提供了一个强大的、流线化且灵活的框架,通过硬件加速图形支持现代 GPU。同时 JavaFX 允许开发人员快速构建丰富的跨平台应用程序。本章主要介绍了如何创建 JavaFX 应用程序,包括 JavaFX 应用程序的框架、事件处理以及 JavaFX 常用控件的使用等。

9.1 JavaFX 介绍

9.1.1 JavaFX GUI 编程简史

2008 年 12 月 5 日 Sun 公司正式发布了基于 Java 语言的平台 JavaFX 1.0,这个平台建立在其广泛应用的 Java 编程语言的基础上,旨在建立大量可在计算机和手机上运行的网络程序。

JavaFX 2.0 版本之前,开发者需使用一种名为 JavaFX Script 的静态、声明式的编程语言来开发 JavaFX 应用程序。因为 JavaFX Script 会被编译为 Java bytecode,程序员可以使用 Java 代码代替。

JavaFX 2.0 之后的版本摒弃了 JavaFX Script 语言,而作为一个 Java API 来使用。因此使用 JavaFX 平台实现的应用程序将直接通过标准 Java 代码来实现。

从 Java 8.0 开始,JavaFX 作为一个 Java 包包含在 JDK 中,提供对 ARM 平台的支持。因此,要运行 JavaFX 应用程序,需要在系统中安装 Java 8.0 或更高版本。此外,JavaFX 8.0 是官方推荐的用于 Java 8.0 应用程序的图形工具包,用于开发富客户端程序。

9.1.2 JavaFX 架构图

JavaFX 通用的 API 是运行 Java 代码的引擎。如图 9.1 所示,它由几大部分组成:一个 JavaFX 高性能图形引擎,名为 Prism;一个简洁高效的窗体系统,名为 Glass;一个媒体引擎;

一个 Web 引擎。

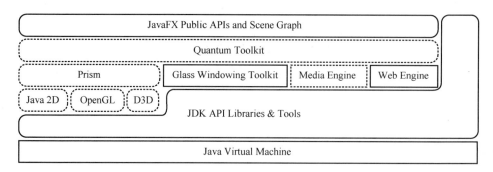

图 9.1 JavaFX 架构图

Prism：用于处理渲染工作，可以在硬件和软件渲染器之上工作，包括 3D。它负责将 JavaFX 场景进行光栅化和渲染。首选硬件加速渲染，当系统中的图形硬件无法支持时，它将提供软件渲染技术。

Glass Windowing Toolkit：它处于 JavaFX 图形技术栈的最底层。其主要职责是提供本地操作服务，如窗体、计时器、皮肤。

Media Engine：通过 javafx.scene.media API 可以访问 JavaFX 的多媒体功能。JavaFX 支持视频和音频媒体，支持的格式包括 MP3、AIFF、WAV 音频文件和 FLV 视频文件。JavaFX 多媒体功能包括 3 个独立的组件：Midia 对象用于表示一个多媒体文件，MediaPlayer 用于播放文件，MediaView 用于显示内容。

Web Engine：Web Engine 是嵌入式浏览器，提供了基本的 Web 页面浏览功能，并通过 API 提供完整的浏览功能，支持 HTML5、CSS、JavaScript、DOM、SVG。

Quantum Toolkit：它将 Prism 和 Glass Windowing Toolkit 绑在一起，使得它们可以被其上层 JavaFX 层使用。它也负责管理与渲染有关事件处理的线程规则。

9.2 JavaFX 程序的基本结构

9.2.1 舞台和场景

在 JavaFX 中可以将其核心看成舞台，一些组件组成的各种功能看成场景。舞台相当于定义了时空，场景是在舞台上来来去去的给"观众"看的内容。舞台是场景的容器，场景是组成场景内容元素的容器。一个 JavaFX 应用程序中至少有一个舞台和一个场景。

舞台是 JavaFX 用户接口的顶级容器，用 Stage 类表示。在 Windows 中，它通常就是一个窗口。当 JavaFX 启动时，一个舞台被自动创建，并通过参数传递给 start 方法。

场景是组成场景元素的容器，用 Scene 类表示。场景可以添加控件和其他用户接口节点，包括一些 UI 控件、文本和图形等。

9.2.2 场景图和节点

JavaFX 场景图位于图 9.1 中的顶层部分，它是构建 JavaFX 应用的入口。场景图是一个层级结构的节点树,表示了所有用户界面的元素。它可以处理输入,并且可以被渲染。

在场景图中的一个元素被称为一个节点。每个节点都有一个 ID、样式类和包围盒。除了根节点之外,在场景图中的所有节点都有一个父节点,0 个或多个子节点。

与 Swing 和 AWT 不同,JavaFX 场景图还包括图元,如矩形、文本,还有控件、布局容器、图像、多媒体。特别是对富客户端应用来说,场景图简化了 UI 设计,在场景图中使用动画可以很容易地通过 javafx.animation API 和声明式方法来实现。

9.2.3　Application 类生命周期方案

在 JavaFX 中,Application 类负责管理程序的生命周期。每个 JavaFX 应用程序都是 javafx.application.Application 类的子类。应用周期包含下列方法。

(1) Application.init():Application 完成初始化操作的方法。此方法在加载和构造应用程序类之后立即调用。默认的 init 方法什么也不做,但可以重写此方法,以便在实际启动应用程序之前执行初始化。

(2) Application.start(Stage stage):这个方法是所有 JavaFX Application 的主入口点。init 方法返回和系统准备好让应用程序开始运行之后,将调用 start 方法。

(3) Application.stop:当 JavaFX 应用程序停止时会调用此方法,并提供一个方便的位置来准备应用程序退出和销毁资源。

9.2.4　JavaFX 程序启动

下面创建第一个 JavaFX 程序。一个 JavaFX 程序包含一个 Stage,Stage 包含一个 Scene,一个 Scene 中可以包含多个 UI 控件。此案例中 JavaFX 程序通过 main()方法调用 launch()启动程序。下面的例子中通过 primaryStage 创建一个场景,在该场景中加入按钮控件,通过显示按钮的文本信息来达到视觉效果。

```java
import javafx.application.Application;
import javafx.stage.Stage;
import javafx.scene.Scene;
import javafx.scene.control.Button;
public class Main extends Application {
    @Override
    public void start(Stage primaryStage) {
        Button btn = new Button();    //创建按钮
        btn.setText("Hello World!");
        Scene scene = new Scene(btn,300,200);   //场景大小设置,并添加按钮
        primaryStage.setTitle("Hello World");
        primaryStage.setScene(scene);
        primaryStage.show();
    }
    public static void main(String[] args) {
        launch(args);
    }
}
```

程序的运行效果如图 9.2 所示。

图 9.2　创建第一个 JavaFX 程序

9.3　布局面板

一个 JavaFx 应用可以通过设置每个 UI 元素的位置和大小来手动地布局用户界面，一个更简单的做法是使用布局管理样式。JavaFX 中的 JavaFX.Scene.Layout 包中提供了多种布局管理样式。Pane 是其他布局面板类的父类，提供控件在面板中的位置和对齐方式。本节将介绍常用的一些面板。

9.3.1　HBox 面板

HBox 布局类将 JavaFX 子节点放在水平行中。新的子节点附加到右侧的末尾。可以通过 setAlignment(Pos value)、setSpacing(double value)、setPadding(double value)方法来调整对齐方式、节点间的间距和容器边界之间的距离。

创建 HBox 布局：

```java
import javafx.application.Application;
import javafx.stage.Stage;
import javafx.scene.Scene;
import javafx.scene.control.TextField;
import javafx.scene.layout.HBox;
import javafx.scene.layout.Priority;
public class Main extends Application {
    @Override
    public void start(Stage primaryStage) {
        TextField myTextField = new TextField();
        HBox hbox = new HBox();
        hbox.getChildren().add(myTextField);
        HBox.setHgrow(myTextField, Priority.ALWAYS);
        Scene scene = new Scene(hbox, 320, 112);
        primaryStage.setTitle("HBox 布局");
        primaryStage.setScene(scene);
        primaryStage.show();
    }
}
```

```
    public static void main(String[] args) {
        launch(args);
    }
}
```

程序的运行效果如图 9.3 所示。

图 9.3　HBox 布局

9.3.2　VBox 面板

VBox 布局面板和 HBox 类似,只是其包含的节点是排成一列。可以通过 setAlignment(Pos value)、setSpacing(double value)、setPadding(double value)方法来调整对齐方式、节点间的间距和容器边界之间的距离。

创建 VBox 布局面板:

```
import javafx.application.Application;
import javafx.geometry.Insets;
import javafx.scene.Group;
import javafx.scene.Scene;
import javafx.scene.layout.VBox;
import javafx.scene.layout.HBox;
import javafx.scene.shape.Rectangle;
import javafx.stage.Stage;

public class Main extends Application {
    @Override
    public void start(Stage primaryStage) {
        Group root = new Group();
        Scene scene = new Scene(root, 300, 250);
        VBox vbox = new VBox(5);
        vbox.setPadding(new Insets(1));
        Rectangle r1 = new Rectangle(10, 10);
        Rectangle r2 = new Rectangle(20, 100);
        Rectangle r3 = new Rectangle(50, 20);
        Rectangle r4 = new Rectangle(20, 50);
        HBox.setMargin(r1, new Insets(2, 2, 2, 2));
        vbox.getChildren().addAll(r1, r2, r3, r4);
        root.getChildren().add(vbox);
        primaryStage.setTitle("VBox 布局");
```

```
            primaryStage.setScene(scene);
            primaryStage.show();
        }

        public static void main(String[] args) {
            launch(args);
        }
    }
```

程序的运行效果如图 9.4 所示。

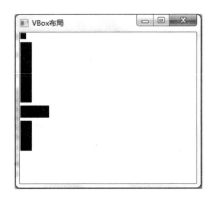

图 9.4　VBox 布局

9.3.3　BorderPane 面板

BorderPane 布局面板被划分为 5 个区域来放置界面元素：上、下、左、右、中。这些区域可以是任意大小，如果应用不需要某个区域，可以不定义它，窗格就不会给这个区域分配空间。

当 BorderPane 所在窗口的大小比各区域内容所需空间大时，多出的空间默认会设置给中间区域。当窗口大小比各区域所需空间小时，各个区域就会重叠。重叠的顺序取决于各个区域设置的顺序。例如，如果各个区域设置的顺序是左、下、右，则当窗口变小时，下方区域会覆盖左边区域，而右边区域会覆盖下方区域。

创建 BorderPane 布局：

```
import javafx.application.Application;
import javafx.geometry.Pos;
import javafx.scene.Scene;
import javafx.scene.layout.BorderPane;
import javafx.scene.control.Button;
import javafx.stage.Stage;
public class Main extends Application {
    @Override
    public void start(Stage primaryStage) {
        BorderPane root = new BorderPane();
        Button btTop = new Button("Top");
        root.setTop(btTop);
```

```
        BorderPane.setAlignment(btTop,Pos.CENTER);

        Button btBottom = new Button("Bottom");
        root.setBottom(btBottom);           //将 btBottom 按钮添加到 Bottom 区域

        Button btLeft = new Button("Left");
        root.setLeft(btLeft);               //将 btLeft 按钮添加到 Left 区域

        Button btRight = new Button("Right");
        root.setRight(btRight);             //将 btRight 按钮添加到 Right 区域

        Button btCenter = new Button("Center");
        root.setCenter(btCenter);           //将 btCenter 按钮添加到 Center 区域

        Scene scene  = new Scene(root,300,200);
        primaryStage.setTitle("BorderPane 布局");
        primaryStage.setScene(scene);
        primaryStage.show();
    }
    public static void main(String[] args) {
        launch(args);
    }
}
```

程序的运行效果如图 9.5 所示。

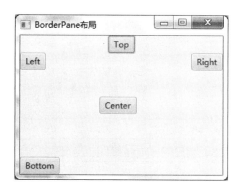

图 9.5　BorderPane 布局

9.3.4　FlowPane 面板

FlowPane 中的节点会连续地排列，并且会在窗格的边界自动换行（或列）。节点可以垂直地（按列）或水平地（按行）流动。一个垂直 FlowPane 会在窗格的高度边界上包装节点，一个水平 FlowPane 会在窗格的水平边界上包装节点。创建好 FlowPane 对象后，可以使用 setAlignment(Pos value)、setHgap(double value) 和 setVgap(double value) 方法设置对齐方式、水平间距和垂直间距。

创建 FlowPane 面板：

```java
import javafx.application.Application;
import javafx.stage.Stage;
import javafx.scene.layout.FlowPane;
import javafx.scene.Scene;
import javafx.scene.control.Button;
import javafx.geometry.Pos;
public class Main extends Application {
    @Override
    public void start(Stage primaryStage) {
        FlowPane flow = new FlowPane();
        flow.setAlignment(Pos.CENTER);        //设置水平、垂直方向居中
        flow.setHgap(20);                     //设置水平方向间距20个像素
        flow.setVgap(20);                     //设置垂直方向间距20个像素
        Button btn[] = new Button[5];
        for(int i = 0;i < 5; i ++){           //使用循环创建5个按钮
            btn[i] = new Button("Button" + (i + 1));
            flow.getChildren().add(btn[i]);
        }
        Scene scene = new Scene(flow);
        primaryStage.setTitle("FlowPane 布局");
        primaryStage.setScene(scene);
        primaryStage.show();
    }
    public static void main(String[] args) {
        launch(args);
    }
}
```

程序的运行效果如图 9.6 所示。

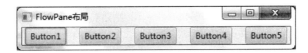

图 9.6　FlowPane 布局

使用鼠标拖动窗口大小后如图 9.7 所示。

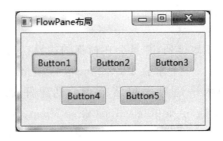

图 9.7　窗口拖动后 FlowPane 布局效果

9.3.5 GridPane 面板

GridPane 布局面板可以创建灵活的基于行和列的网格来放置节点。节点可以被放置到任意一个单元格中,也可以根据需要设置一个节点跨越多个单元格(行或者列)。若子节点没有指定位置,则放在第 0 行;若跨行列数没有指定,则默认为 1。总的行数和列数不需要指定,网格会根据内容自动收缩。

创建 GridPane 布局:

```java
import javafx.application.Application;
import javafx.geometry.Insets;
import javafx.geometry.HPos;
import javafx.scene.Scene;
import javafx.scene.layout.BorderPane;
import javafx.scene.layout.GridPane;
import javafx.scene.layout.ColumnConstraints;
import javafx.scene.control.Label;
import javafx.scene.control.TextField;
import javafx.scene.control.Button;
import javafx.stage.Stage;
import javafx.scene.layout.Priority;
import javafx.scene.paint.Color;

public class Main extends Application {
    @Override
    public void start(Stage primaryStage) {
        BorderPane root = new BorderPane();
        Scene scene = new Scene(root, 380, 150, Color.WHITE);
        GridPane gridpane = new GridPane();
        gridpane.setPadding(new Insets(5));
        gridpane.setHgap(5);
        gridpane.setVgap(5);
        ColumnConstraints column1 = new ColumnConstraints(100);
        ColumnConstraints column2 = new ColumnConstraints(50, 150, 300);
        column2.setHgrow(Priority.ALWAYS);
        gridpane.getColumnConstraints().addAll(column1, column2);

        Label fNameLbl = new Label("First Name");
        TextField fNameFld = new TextField();
        Label lNameLbl = new Label("Last Name");
        TextField lNameFld = new TextField();
        Button saveButt = new Button("Save");

        GridPane.setHalignment(fNameLbl, HPos.RIGHT);
        gridpane.add(fNameLbl, 0, 0);
```

```
        GridPane.setHalignment(lNameLbl, HPos.RIGHT);
        gridpane.add(lNameLbl, 0, 1);

        GridPane.setHalignment(fNameFld, HPos.LEFT);
        gridpane.add(fNameFld, 1, 0);

        GridPane.setHalignment(lNameFld, HPos.LEFT);
        gridpane.add(lNameFld, 1, 1);

        GridPane.setHalignment(saveButt, HPos.RIGHT);
        gridpane.add(saveButt, 1, 2);

        root.setCenter(gridpane);

        primaryStage.setTitle("GridPane 布局");
        primaryStage.setScene(scene);
        primaryStage.show();
    }

    public static void main(String[] args) {
        launch(args);
    }
}
```

程序的运行效果如图 9.8 所示。

图 9.8　GridPane 布局

9.3.6　StackPane 面板

StackPane 布局面板将所有的节点放在一个堆栈中进行布局管理，后添加进去的节点会显示在前一个添加进去的节点之上。这个布局为将文本(text)覆盖到一个图形或者图像之上或者将普通图形相互覆盖来创建更复杂的图形提供了一个简单的方案。

创建 StackPane 面板：

```
import javafx.application.Application;
    import javafx.scene.Scene;
```

```java
import javafx.scene.layout.StackPane;
import javafx.scene.shape.Rectangle;
import javafx.scene.text.*;
import javafx.scene.paint.Color;
import javafx.stage.Stage;
public class Main extends Application {
    @Override
    public void start(Stage primaryStage) {
    StackPane root = new StackPane();
    Rectangle rec = new Rectangle(100,50);    //绘制矩形
    rec.setStroke(Color.YELLOW);
    rec.setFill(Color.YELLOW);
    Text context = new Text("JavaFX");        //绘制文字
    context.setFill(Color.BLACK);

    root.getChildren().add(rec);
    root.getChildren().add(1,context);

    Scene scene = new Scene(root,300,200);

        primaryStage.setTitle("StackPane 布局");
        primaryStage.setScene(scene);
        primaryStage.show();
    }

    public static void main(String[] args) {
        launch(args);
    }
}
```

程序的运行效果如图 9.9 所示。

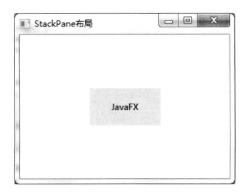

图 9.9　StackPane 布局

9.4 JavaFX 形状

在 JavaFX 中,场景图形对象(如线、圆和矩形)是 Shape 类的派生类。所有形状对象可以在两个成形区域之间执行几何操作,如减法、相交和并集。

9.4.1 Line 类

当在 JavaFX 场景图形上绘制时,使用屏幕坐标空间渲染线。屏幕坐标系将(0,0)放在左上角。x 坐标沿着 x 轴移动点。从上到下移动点时,y 坐标值增加。要在 JavaFX 中绘制线条,使用 javafx.scene.shape.Line 类。创建一个 Line 对象,需要指定一个 $start(x,y)$ 坐标和一个结束坐标。通过使用 startX(double value)、startY(double value)、endX(double value)和 endY(double value)方法创建线条。

```java
import javafx.application.Application;
import javafx.scene.Scene;
import javafx.scene.layout.VBox;
import javafx.scene.shape.Line;
import javafx.stage.Stage;

public class Main extends Application {

    @Override
    public void start(Stage primaryStage) {
        VBox box = new VBox();
        final Scene scene = new Scene(box, 300, 100);
        scene.setFill(null);

        Line line = new Line();
        line.setStartX(0.0f);
        line.setStartY(0.0f);
        line.setEndX(50.0f);
        line.setEndY(50.0f);

        box.getChildren().add(line);

        primaryStage.setTitle("Line");
        primaryStage.setScene(scene);
        primaryStage.show();
    }

    public static void main(String[] args) {
        launch(args);
    }
}
```

程序的运行效果如图 9.10 所示。

图 9.10 Line 类

9.4.2 Rectangle 类

在 JavaFX 中绘制一个矩形,可以使用 javafx.scene.shape.Rectangle 类。在场景图上绘制矩形需要宽度、高度和左上角的 (x,y) 位置。setX(double value)和 setY(double value)方法确定绘制矩形的起始点,setWidth(double value)和 setHeight(double value)方法确定矩形的宽度和高度。

```
import javafx.application.Application;
import javafx.scene.Group;
import javafx.scene.Scene;
import javafx.scene.paint.Color;
import javafx.scene.shape.Rectangle;
import javafx.stage.Stage;
public class Main extends Application {
    @Override
    public void start(Stage primaryStage) {
        Group root = new Group();
        Scene scene = new Scene(root, 300, 100, Color.WHITE);

        Rectangle rec = new Rectangle();
        rec.setX(10);
        rec.setY(10);
        rec.setWidth(150);
        rec.setHeight(50);

        root.getChildren().add(rec);

        primaryStage.setTitle("Rectangle");
        primaryStage.setScene(scene);
        primaryStage.show();
    }
    public static void main(String[] args) {
        launch(args);
    }
}
```

程序的运行效果如图 9.11 所示。

图 9.11　Rectangle 类

9.4.3　Ellipse 类

在 JavaFX 中绘制一个椭圆,可以使用 javafx.scene.shape.Ellipse 类。setCenterX(double value)和 setCenterY(double value)方法确定椭圆的中心点坐标,setRadiusX(double value)和 setRadiusY(double value)方法设置椭圆的长半轴和短半轴长度。

```java
import javafx.application.Application;
import javafx.scene.Group;
import javafx.scene.Scene;
import javafx.scene.paint.Color;
import javafx.scene.shape.Ellipse;
import javafx.stage.Stage;

public class Main extends Application {
    @Override
    public void start(Stage primaryStage) {
        Group root = new Group();
        Scene scene = new Scene(root, 300, 100, Color.WHITE);

        Group group = new Group();
        Ellipse ellipse = new Ellipse();
        ellipse.setCenterX(50.0f);
        ellipse.setCenterY(50.0f);
        ellipse.setRadiusX(50.0f);
        ellipse.setRadiusY(25.0f);

        group.getChildren().add(ellipse);
        root.getChildren().add(group);

        primaryStage.setTitle("Ellipse");
        primaryStage.setScene(scene);
        primaryStage.show();
    }
    public static void main(String[] args) {
        launch(args);
```

        }
}

程序的运行效果如图 9.12 所示。

图 9.12　Ellipse 类

9.4.4　Polygon 类

在 JavaFX 中绘制一个多边形,可以使用 javafx.scene.shape.Polygon 类。通过 polygon.getPoints().addAll(new Double[]{double value,double value,double value,double value}) 来确定多边形顶点的坐标,继而绘制多边形。

```
import javafx.application.Application;
import javafx.scene.Group;
import javafx.scene.Scene;
import javafx.scene.shape.Polygon;
import javafx.stage.Stage;
public class Main extends Application {
    @Override
    public void start(Stage primaryStage) {
        Group root = new Group();
        Scene scene = new Scene(root, 260, 80);

        Group g = new Group();

        Polygon polygon = new Polygon();
        polygon.getPoints().addAll(new Double[]{
                0.0, 0.0,
                20.0, 10.0,
                10.0, 20.0 });

        g.getChildren().add(polygon);

        scene.setRoot(g);

        primaryStage.setTitle("Polygon");
        primaryStage.setScene(scene);
        primaryStage.show();
```

```
    }
    public static void main(String[] args) {
        launch(args);
    }
}
```

程序的运行效果如图 9.13 所示。

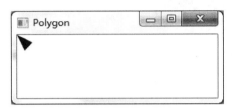

图 9.13 Polygon 类

9.4.5 Text 类

Text 节点的直接父对象是 javafx.scene.shape.Text 类。可以在两个文本之间执行几何操作,如减法、相交或联合。还可以使用文本剪辑视口区域。Text(double value,double value,string)方法可以确定文字 x 坐标、y 坐标和文字内容。

```
import javafx.application.Application;
import javafx.scene.Group;
import javafx.scene.Scene;
import javafx.scene.paint.Color;
import javafx.scene.text.Text;
import javafx.stage.Stage;
public class Main extends Application {
    @Override
    public void start(Stage primaryStage) {
    Group root = new Group();
        Scene scene = new Scene(root, 300, 100, Color.WHITE);
        int x = 50;
        int y = 50;

        Text text = new Text(x, y, "JavaFX");
        text.setRotate(60);
        root.getChildren().add(text);

        primaryStage.setTitle("Text");
        primaryStage.setScene(scene);
        primaryStage.show();
    }
    public static void main(String[] args) {
        launch(args);
```

}
}

程序的运行效果如图 9.14 所示。

图 9.14　Text 类

9.5　事件处理

9.5.1　事件

事件表示程序所感兴趣的事情的发生，比如鼠标的移动或者某个按键的按下。在 JavaFX 中，事件是 javafx.event.Event 类或其任何子类的实例。JavaFX 提供了多种事件，包括 DragEvent、KeyEvent、MouseEvent、ScrollEvent 等。事件属性如表 9.1 所示。

表 9.1　事件属性

属性	描述
事件类型(Event Type)	发生事件的类型
源(Source)	事件的来源，表示该事件在事件派发链中的位置。事件通过派发链传递时，"源"会随之发生改变
目标(Target)	发生动作的节点，在事件派发链的末尾。"目标"不会改变，但是如果某个事件过滤器在事件捕获阶段消费了该事件，"目标"将不会收到该事件

9.5.2　事件类型

事件类型是 EventType 类的实例。事件类型对单个事件类的多种事件进行了细化归类。例如，KeyEvent 类包含如下事件类型：KEY_PRESSED、KEY_RELEASED 和 KEY_TYPED。

事件类型是一个层级结构。每个事件类型有一个名称和一个父类型。例如，按键被按下的事件名叫 KEY_PRESSED，其父类型是 KeyEvent.ANY。顶级事件类型的父类型是 null。图 9.15 展示了该层级结构的一个子集。

在该层级机构中顶级的事件类型是 Event.ROOT，相当于 Event.ANY。在子类型中，事件类型"ANY"用来表示该事件类中的任何事件类型。例如，为了给任何类型的键盘事件提供相同的响应，可以使用 KeyEvent.ANY 作为事件过滤器或事件处理器的事件类型。为了只在按键被释放时才响应，则可以使用 KeyEvent.KEY_RELEASED 作为过滤器或处理器的事件类型。

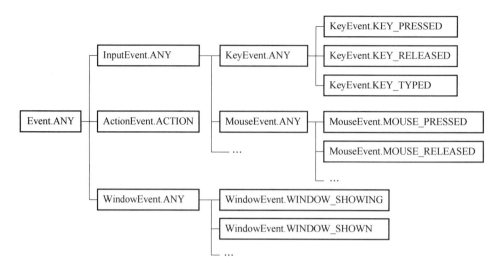

图 9.15 事件层级结构

9.5.3 事件分发流程

事件分发流程包括如下几个步骤：选择目标、构造路径、捕获事件和事件冒泡。

目标选择指当一个动作发生时，系统根据内部规则决定哪一个 Node 是事件目标。对于键盘事件，事件目标是已获取焦点的 Node。对于鼠标事件，事件目标是光标所在位置处的 Node；对于合成的鼠标事件，触摸点被当作是光标所在位置。

初始的事件路径是由事件派发链决定的，派发链是在被选中的事件目标的 buildEventDispatchChain 方法实现中创建的。当场景图中的一个节点被选中作为事件目标时，那么 Node 类 buildEventDispatchChain 方法默认设置的初始事件路径即是从 Stage 到其自身的一条路径。事件派发链如图 9.16 所示。

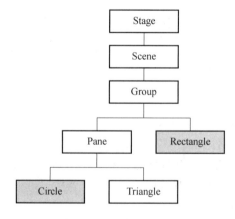

图 9.16 事件派发链

在事件捕获阶段，事件被程序的根节点派发并通过事件派发链向下传递到目标节点。如果使用图 9.16 所示的事件派发链，在事件捕获阶段将从 Stage 节点传递到 Triangle 节点。如果派发链中的任何节点为所发生的事件类型注册了事件过滤器，则该事件过滤器将会被调用。当事件过滤器执行完成以后，对应的事件会向下传递到事件派发链中的下一个节点。如果该节点未注册过滤器,事件将被传递到事件派发链中的下一个节点。如果没有任何过滤器消费掉事件,则事件目标最终将会接收到该事件并处理之。

当到达事件目标并且所有已注册的过滤器都处理完事件以后,该事件将顺着派发链从目标节点返回到根节点。若使用图 9.16 所示的事件派发链,事件在冒泡阶段将从 Triangle 节点传递到 Stage 节点。如果在事件派发链中有节点为特定类型的事件注册了事件处理器,则在对应类型的事件发生时对应的事件处理器将会被调用。当事件处理器执行完成后,对应的事件将会向上传递给事件派发链中的上一个节点。如果没有任何事件处理器消费掉事件,则根节点最终将接收到对应的事件并且完成处理过程。

9.5.4 事件处理

事件处理功能由事件过滤器(Event Filter)和事件处理器(Event Handler)提供,两者均是 EventHandler 接口的实现。如果想要在某事件发生时通知应用程序,就需要为该事件注册一个 Event Filter 或 Event Handler。Event Filter 和 Event Handler 的主要区别在于两者被执行的时机不同。

事件过滤器在事件捕获阶段执行。父节点的事件过滤器可以为多个子节点提供公共的事件处理,并且如果需要的话,也可以消费掉事件以阻止子节点收到该事件。当某事件被传递并经过注册了事件过滤器的节点时,为该事件类型注册的事件过滤器就会被执行。

一个节点可以注册多个事件过滤器。事件过滤器执行的顺序取决于事件类型的层级关系。特定事件类型的事件过滤器会先于通用事件类型的过滤器执行。例如,MouseEvent.MOUSE_PRESSED 事件的事件过滤器会在 InputEvent.ANY 事件的事件过滤器之前执行。同层级的事件过滤器的执行顺序并未指定。

事件处理器在事件冒泡阶段执行。如果子节点的事件处理器未消耗掉对应的事件,那么父节点的事件处理器就可以在子节点处理完成以后来处理该事件,并且父节点的事件处理器还可以为多个子节点提供公共的事件处理过程。当某事件返回并经过注册了事件处理器的节点时,为该事件类型注册的事件处理器就会被执行。

一个节点可以注册多个事件处理器。事件处理器执行的顺序取决于事件类型的层级。特定事件类型的事件处理器会先于通用事件类型的事件处理器执行。例如,KeyEvent.KEY_TYPED 事件的过滤器会在 InputEvent.ANY 事件的处理器之前执行。

9.6 常用组件

9.6.1 单选按钮组件

单选按钮是一组互斥的按钮,可以被选中或者取消选中,由 RadioButton 类支持,该类扩展了 ToggleButton 类。典型的用法是将多个 RadioButton 放在一个组中,同一时间内其中只有一个 Button 可以被选中。这正是 RadioButton 区别于 ToggleButton 的行为,因为一个组中的所有 ToggleButton 可以同时全都取消选中。

```
import javafx.application.Application;
import javafx.event.ActionEvent;
import javafx.event.EventHandler;
```

```java
import javafx.geometry.Pos;
import javafx.scene.Scene;
import javafx.scene.control.*;
import javafx.scene.layout.FlowPane;
import javafx.stage.Stage;

public class Main extends Application {
    @Override
    public void start(Stage primaryStage) {

        FlowPane root = new FlowPane(10,10);
        root.setAlignment(Pos.CENTER);
        Scene myScene = new Scene(root,220,120);
        primaryStage.setScene(myScene);
        Label response = new Label("显示选中的单选按钮");
        RadioButton rb1 = new RadioButton("选项 1");
        RadioButton rb2 = new RadioButton("选项 2");
        RadioButton rb3 = new RadioButton("选项 3");
        ToggleGroup tg = new ToggleGroup();
        rb1.setToggleGroup(tg);
        rb2.setToggleGroup(tg);
        rb3.setToggleGroup(tg);
        rb1.setOnAction(new EventHandler<ActionEvent>(){
            public void handle(ActionEvent ae){
                response.setText("选项 1 被选中");
            }
        });

        rb2.setOnAction(new EventHandler<ActionEvent>(){
            public void handle(ActionEvent ae){
                response.setText("选项 2 被选中");
            }
        });
        rb3.setOnAction(new EventHandler<ActionEvent>(){
            public void handle(ActionEvent ae){
                response.setText("选项 3 被选中");
            }
        });
        rb1.fire();       //默认状态下选择选项 1
        root.getChildren().addAll(rb1,rb2,rb3,response);
        primaryStage.setTitle("RadioButton");
        primaryStage.show();
    }
```

```
    public static void main(String[] args) {
        launch(args);
    }
}
```

程序的运行效果如图 9.17 和图 9.18 所示。

图 9.17　RadioButton 选中选项 1　　　图 9.18　RadioButton 选中选项 3

9.6.2　复选框组件

复选框中各个选项独立,允许用户进行多项选择。选中与未选中不影响其他选项,由 CheckBox 类支持。JavaFX 中的复选框有三种状态:选中、未选中和未定义。前两种是用户选中后复选框呈现的状态,第三种状态通常表示复选框尚未进行设置或者该特定的情况不重要、用户未选择。

```
import javafx.application.Application;
import javafx.geometry.Pos;
import javafx.scene.Scene;
import javafx.scene.control.*;
import javafx.scene.layout.FlowPane;
import javafx.scene.layout.HBox;
import javafx.stage.Stage;

public class Main extends Application {

    @Override
    public void start(Stage primaryStage) {

    FlowPane root = new FlowPane(10,10);
    root.setAlignment(Pos.CENTER);
        Scene scene = new Scene(root,220,120);
        primaryStage.setScene(scene);

        CheckBox cb1 = new CheckBox("选项 1");
        CheckBox cb2 = new CheckBox("选项 2");
        CheckBox cb3 = new CheckBox("选项 3");
```

```
        HBox h = new HBox();
        h.getChildren().addAll(cb1,cb2,cb3);

        root.getChildren().addAll(h);
        primaryStage.setTitle("CheckBox");
        primaryStage.show();
    }

    public static void main(String[] args) {
        launch(args);
    }
}
```

程序的运行效果如图 9.19 所示。

图 9.19　复选框选中选项 1 和选项 3

9.6.3　文本区域

TextField 只是一个带有光标的文本输入框，通常我们需要一个 Label 控件来说明文本字段的目的。以下代码创建一个 Label 控件来标记对应的文本字段是用于名称输入，然后它创建一个 TextField 对象，最后它使用 HBox 布局 Label 和 TextField。

```
import javafx.application.Application;
import javafx.geometry.Insets;
import javafx.scene.control.Label;
import javafx.scene.control.TextField;
import javafx.scene.Group;
import javafx.scene.Scene;
import javafx.scene.layout.GridPane;
import javafx.stage.Stage;

public class Main extends Application {

    @Override
    public void start(Stage primaryStage) {

        Scene scene = new Scene(new Group(), 300, 100);
```

```
        TextField tfd = new TextField();
        tfd.setText("Label");

        tfd.clear();

        GridPane grid = new GridPane();
        grid.setVgap(4);
        grid.setHgap(10);
        grid.setPadding(new Insets(5, 5, 5, 5));
        grid.add(new Label("To: "), 0, 0);
        grid.add(tfd, 1, 0);

        Group root = (Group) scene.getRoot();
        root.getChildren().add(grid);
        primaryStage.setTitle("TextField");
        primaryStage.setScene(scene);
        primaryStage.show();

    }
    public static void main(String[] args) {
        launch(args);
    }
}
```

程序的运行效果如图 9.20 所示。

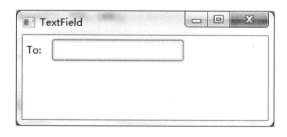

图 9.20 TextField

9.6.4 滑动条

Slider 控件由一个滑轨(Track)和一个可拖放的滑块(Thumb)组成。它也可以包括多个刻度标记(Tick Mark)和刻度标签(Tick Label)，用于表示数值区间范围。

setMin 和 SetMax 方法分别定义了 Slider 所表示的数据的最小值和最大值。setValue 方法指定了 Slider 的当前值，当前值应该永远比最大值要小并且比最小值要大。在程序启动时将使用此方法来定义滑块的所在位置。setShowTickMarks 和 setShowTickLabels 方法都需要传递 Boolean 型参数，它们定义了 Slider 的外观。如图 9.21 所示，主刻度 Mark 之间的单位距离被设置为 50，每两个主刻度之间都被设置分为 5 个小刻度。

setBlockIncrement 方法定义了当用户单击 Track 时 Thumb 的移动距离。

```java
import javafx.application.Application;
import javafx.geometry.Pos;
import javafx.scene.Scene;
import javafx.scene.control.*;
import javafx.scene.layout.FlowPane;
import javafx.scene.layout.HBox;
import javafx.stage.Stage;

public class Main extends Application {

    @Override
    public void start(Stage primaryStage) {

        FlowPane root = new FlowPane(10,10);
        root.setAlignment(Pos.CENTER);
        Scene scene = new Scene(root,220,120);
        primaryStage.setScene(scene);

        Slider slider = new Slider();
        slider.setMin(0);
        slider.setMax(100);
        slider.setValue(40);
        slider.setShowTickLabels(true);
        slider.setShowTickMarks(true);
        slider.setMajorTickUnit(50);
        slider.setMinorTickCount(5);
        slider.setBlockIncrement(10);

        HBox h = new HBox();
        h.getChildren().addAll(slider);

        root.getChildren().addAll(h);
        primaryStage.setTitle("Slider");
        primaryStage.show();
    }

    public static void main(String[] args) {
        launch(args);
    }
}
```

程序的运行效果如图 9.21 所示。

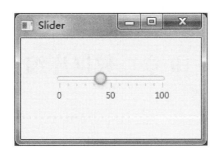

图 9.21　Slider

习　题

1. 什么是节点？场景图与节点之间有什么联系？
2. Application 类定义了哪几个可以被重写的生命周期方法？具体起什么作用？
3. JavaFX 中常见的面板有哪些？各自的特点是什么？
4. 使用 JavaFX 编写一个计算器，能够实现加减乘除等基本操作。

第 10 章　数据库编程

学习目标

- 理解 JDBC 访问数据库的原理
- 了解 JDBC 驱动类型
- 掌握 JDBC 访问数据库的步骤
- 掌握用 Statement 访问数据的方法
- 掌握预处理语句的使用
- 了解数据库元数据
- 掌握利用结果集实现对数据库表的更新

现实世界中的许多计算机应用都是面向数据库的，因此在 Java 程序设计中经常会遇到需要对现实世界中的数据库进行访问的问题。为了使 Java 编写的程序在访问数据库时不依赖于具体的数据库，Java 语言提供了专门用于操作数据库的 API，即 Java 数据库连接（Java DataBase Connectivity，JDBC）。JDBC 为工具/数据库开发人员提供了一个标准的 API，使得可以用纯 Java API 来编写数据库应用程序，并且定义了 JDBC 驱动程序的标准来保持应用程序和数据库访问细节的相互独立性。通过不同的驱动程序可访问各类关系数据库，差异主要体现在如何建立与数据库的连接之上。本章主要介绍利用 JDBC 访问数据库以及操作数据库的方法。

10.1　JDBC 概述

10.1.1　JDBC

JDBC 是将 Java 与 SQL 结合且独立于特定的数据库系统的应用程序编程接口，是一种可用于执行 SQL 语句的 Java API，由一组用 Java 语言编写的类与接口组成。

有了 JDBC 可以使 Java 程序员用 Java 语言来编写完整的数据库方面的应用程序，也可以操作保存在多种不同的数据库管理系统中的数据，而与数据库管理系统中数据存储格式无关。

JDBC 的工作模式如图 10.1 所示。从图中可以看到，应用程序通过调用 JDBC 来操作数据库的过程，其实是由数据库厂商提供的 JDBC 驱动程序来负责的。如果要更换数据库，只要更换驱动程序，并在 JDBC 中载入新的驱动程序来源，即可完成数据库系统的变更。由此可见，JDBC 屏蔽了不同的数据库驱动程序之间的差别，为开发者提供了一个标准、纯 Java 的数据库程序设计接口，为在 Java 中访问任意类型的数据库提供技术支持。

JDBC 的主要功能如下：

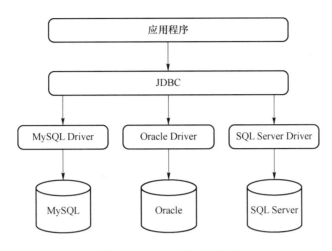

图 10.1 JDBC 的工作模式

(1) 建立与数据库或者其他数据源的连接；

(2) 向数据库发送 SQL 命令；

(3) 处理数据库的返回结果。

10.1.2 JDBC 驱动程序

为了与某个数据库连接，必须要选择适合该数据库的 JDBC 驱动程序。JDBC 驱动程序一般由数据库厂家提供，是连接 JDBC API 与数据库之间的桥梁。JDBC 驱动程序主要有以下 4 种基本类型。

1. JDBC-ODBC 桥

JDBC-ODBC 桥产品利用 ODBC 驱动程序提供 JDBC 访问。ODBC 的出现要比 JDBC 早，广泛地应用于连接各种环境中的数据库。JDBC-ODBC 桥驱动程序实际上是把所有 JDBC 的调用传递给 ODBC，再由 ODBC 调用本地数据库驱动代码，如图 10.2 所示。

从图 10.2 可以看到，通过 JDBC-ODBC 桥的方式访问数据库需要经过多层调用，访问的效率比较低，通常只有在数据库没有提供 JDBC 驱动，只有 ODBC 驱动的情况下才会采用这种方式访问数据库。

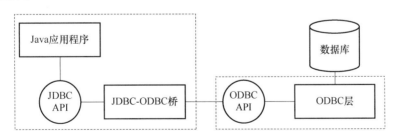

图 10.2 通过 JDBC-ODBC 桥访问数据库

2. 本地 API

这种类型的驱动程序把客户机 API 上的 JDBC 调用转换为 Oracle、Sybase、Informix、DB2 或其他 DBMS 厂商提供的本地 API 调用，如图 10.3 所示。

这种驱动方式将数据库厂商的特殊协议转换成 Java 代码及二进制类码，使 Java 数据库客户方与数据库服务器方通信。例如，Oracle 用 SQLNet 协议，DB2 用 IBM 的数据库协议。数据库厂商的特殊协议也应该被安装在客户机上。另外，JDBC 所依赖的本地接口在不同的 Java 虚拟机供应商以及不同的操作系统上是不同的。

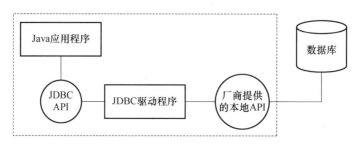

图 10.3　通过本地 API 访问数据库

3. JDBC-Net

这种驱动程序根据三层结构建立：网络协议驱动、中间件服务器和数据库服务。该类型的驱动程序由应用服务器中的中间件提供，这样客户端程序可以使用与数据库无关的协议和中间件服务器进行通信，中间件服务器再将客户端的 JDBC 调用转发给数据库进行处理。Java 客户端程序通过 JDBC 驱动程序将 JDBC 调用发送给应用服务器，应用服务器使用本地驱动程序来访问数据库，从而完成请求的处理，如图 10.4 所示。

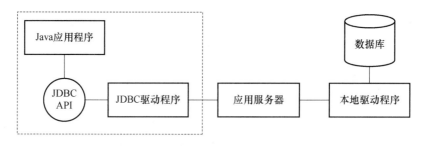

图 10.4　通过 JDBC-Net 访问数据库

这种方式是纯 Java driver，驱动程序不需要客户机上有任何本地代码，大部分功能实现都在 server 端，所以这种驱动可以设计得很小，可以非常快速地加载到内存中，对 Internet 和 Intranet 用户而言是一个理想的解决方案。缺点是中间件层仍然需要配置其他数据库驱动程序，并且由于多了一个中间层传递数据，它的执行效率不是最好。

4. 本地协议

这种方式也是纯 Java driver，采用数据库支持的网络协议把 JDBC API 调用转化为直接的网络调用，如图 10.5 所示。

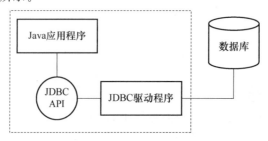

图 10.5　通过本地协议的纯 Java 驱动程序访问数据库

这种驱动程序是最高效的数据访问方式,目前大部分 Java 应用程序都采用这种方式访问数据库。但是访问不同厂商的数据库,需要不同的 JDBC 驱动程序。几个主要的数据库厂商都提供了这种类型的驱动程序,可以去相应公司的网站下载。

10.1.3 JDBC 的结构

JDBC 主要包含两部分:面向 Java 程序员的 JDBC API 及面向数据库厂商的 JDBC Drive API。

1. 面向 Java 程序员的 JDBC API

Java 程序员通过调用此 API 从而实现连接数据库、执行 SQL 语句并返回结果集等与数据库进行交互的能力,它主要是由一系列的接口定义构成的。

- java.sql.DriveManager:该接口使用装载驱动程序,并为创建新的数据库连接提供支持。
- java.sql.Connection:该接口主要定义了实现对某一种指定数据库连接的功能。
- java.sql.Statement:该接口主要定义了在一个给定的连接中作为 SQL 语句执行声明的容器以实现对数据库的操作。它主要包含 PreparedStatement 和 CallableStatement 两种子类型。
- java.sql.PreparedStatement:该接口主要定义了用于执行带或不带 IN 参数的预编译 SQL 语句。
- java.sql.CallableStatement:该接口主要定义了用于执行数据库的存储过程的调用。
- java.sql.ResultSet:该接口主要定义了用于执行对数据库的操作所返回的结果集。

在访问数据库的过程中,相关类和接口之间的关系如图 10.6 所示。

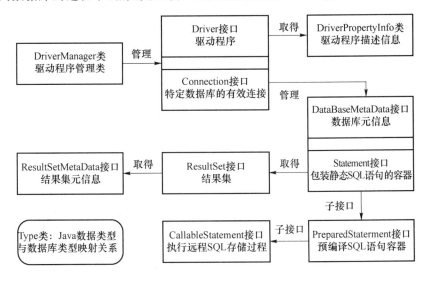

图 10.6 访问数据库相关类和接口之间的关系

2. 面向数据库厂商的 JDBC Drive API

数据库厂商必须提供相应的驱动程序并实现 JDBC API 所要求的基本接口,从而最终保证 Java 程序员通过 JDBC 实现对不同数据库的操作。

10.2 JDBC 访问数据库

在 Java 程序中,通过 JDBC 访问数据库的过程如下:
① 加载 JDBC 驱动程序;
② 创建与数据库的连接;
③ 创建 Statement 对象;
④ 调用 SQL 语句查询数据;
⑤ 处理 ResultSet 中返回的结果集;
⑥ 关闭 ResultSet、Statement 和 Connection 对象。
上面的过程可以概括为连接数据库和操作数据库两个步骤,下面分别进行介绍。

10.2.1 JDBC 连接数据库

JDBC 连接数据库分为加载 JDBC 驱动程序和创建数据库连接两个部分。

1. 加载驱动程序

为实现与特定的数据库相连接,JDBC 必须加载相应的驱动程序类。驱动程序可以是 JDBC-ODBC 桥驱动程序、JDBC-Net 驱动程序,也可以是由数据库厂商提供的驱动程序。比较简单的加载驱动程序的方法是用 Class.forName,格式为:

```
Class.forName("JDBC 驱动程序名称");
```

例如:

(1) 如果连接的是 MySQL 数据库,则加载驱动的语句为:

```
Class.forName("com.mysql.jdbc.Driver");
```

(2) 如果连接的是 Oracle 数据库,则加载驱动的语句为:

```
Class.forName("oracle.jdbc.driver.OracleDriver");
```

(3) 如果连接的是 Microsoft SQL Server 数据库,则加载驱动的语句为:

```
Class.forName("com.Microsoft.jdbc.sqlserver.SQLServerDriver");
```

(4) 对于 JDBC-ODBC 桥,则加载驱动的语句为:

```
Class.forName("sun.jdbc.odbc.JdbcOdbcDriver");
```

上面的语句可直接加载数据库的驱动程序,由驱动程序负责向 DriverManager 进行注册。成功加载后,会将 Driver 类实例注册到 DriverManager 类中;如果加载失败,将抛出 ClassNotFoundException 异常,即未找到指定 Driver 类的异常。

2. 创建数据库连接

用 DriverManager 类中的 getConnection 方法建立与数据库的连接。当调用 DriverManager.getConnection() 方法发出连接请求时,DriverManager 将检查驱动程序,查看它是否可以建立连接。该方法的返回值类型是 Connection。具体调用方法如下:

```
Connection conn = DriverManager.getConnection("jdbc:odbc:数据源名","数据源访问用户名","数据源访问密码");
```

conn 是 Connection 类的对象，代表了与数据库的连接。在应用程序中可以使用多个 Connection 对象与一个或多个数据库连接。

例如：

（1）与 MySQL 数据库建立连接，连接语句为：

Connection conn = DriverManager.getConnection("jdbc:mysql://localhost:3306/tm","root","123456");

（2）与 Oracle 数据库建立连接，连接语句为：

Connection conn = DriverManager.getConnection("jdbc:oracle:thin:@localhost:1521:orcl","scott","tiger");

（3）与 Microsoft SQL Server 数据库建立连接，连接语句为：

Connection conn = DriverManager.getConnection("jdbc:sqlserver://localhost:1433;databaseName=mydb","sa","123456");

（4）采用 JDBC-ODBC 桥驱动连接 Oracle 数据库的语句为：

Connection conn = DriverManager.getConnection("jdbc:odbc:myscott","scott","tiger");

表 10.1 为 DriverManager 类的主要方法和功能描述。

表 10.1　DriverManager 类的主要方法

方法名称	功能描述
getConnection(String url, String user, String password)	用来获得数据库连接，3 个入口参数依次为要连接数据库的 URL、用户名和密码，返回值的类型为 java.sql.Connection
setLoginTimeout(int seconds)	用来设置每次等待建立数据库连接的最长时间
setLogWriter(java.io.PrintWriter out)	用来设置日志的输出对象
println(String message)	用来输出指定消息到当前的 JDBC 日志流

Connection 接口负责管理 Java 应用程序和数据库之间的连接。一个 Connection 对象表示对一个特定数据源已建立的一条连接，它能够创建执行 SQL 的 Statement 语句对象并提供数据库的属性信息。表 10.2 为 Connection 类的主要方法和功能描述。

表 10.2　Connection 类的主要方法

方法名称	功能描述
Statement createStatement() throws SQLException	创建一个 Statement 对象
Statement createStatement(int resultSetType, int resultSetConcurrency) throws SQLException	创建一个 Statement 对象，并生成具有给定类型和并发性的 ResultSet 对象
void close() throws SQLException	关闭数据库连接
boolean isClosed() throws SQLException	判断连接是否关闭
DatabaseMetaData getMetaData() throws SQLException	获取连接数据库的元数据

10.2.2　操作数据库

JDBC 连接数据库以后，就可以对数据库中的数据进行操作了，以数据查询为例，一般可按以下步骤进行。

(1) 创建 Statement 对象。

建立了到特定数据库的连接之后,要想用该连接发送 SQL 语句,首先需要创建一个 Statement 对象,可用 Connection 的方法 createStatement 创建。

```
Statement stmt = conn.createStatement();
```

(2) 执行一个 SQL 查询语句,以查询数据库中的数据,可使用 Statement 对象 executeQuery 方法获取结果集。

```
ResultSet rs = stmt.executeQuery("select StuName,Sage from TB_Student");
```

(3) 处理结果集。

ResultSet 对象包含查询语句返回的所有结果集。对 ResultSet 对象的处理必须逐行进行,利用 ResultSet.next 方法可使指针下移一行,但对每一行中的各个列,可以按任何顺序进行处理。

(4) 关闭 Statement 对象及数据库连接。

虽然 Statement 对象将会由 Java 垃圾收集程序自动关闭,但作为一种好的编程习惯,应在不需要 Statement 对象时显式地关闭它们,释放 DBMS 资源,有助于避免潜在的内存问题。数据库连接也要显式关闭。

```
stmt.close();
conn.close();
```

【例 10.1】 查询 Oracle 中的 TB_Student 表,并显示返回的结果集。

```java
import java.sql.*;
public class QueryDemo{
    public static void main(String[] args){
        Connection conn = null;
        Statement stmt = null;
        ResultSet rs = null;
        try {
            Class.forName("oracle.jdbc.driver.OracleDriver"); //创建与数据库的连接 conn =
//DriverManager.getConnection("jdbc:oracle:thin:@localhost:1521:orcl","Login","Password");
            stmt = conn.createStatement();
            rs = stmt.executeQuery("select StuName,Sage from TB_Student");
                                                              //发送 SQL 语句到数据库
            while (rs.next()){
              System.out.println("姓名:" + rs.getString(1) + "  年龄:" + rs.getInt(2));
            }   //查询数据并处理数据
        } catch (ClassNotFoundException e)  {
                e.printStackTrace();
        } catch(SQLException e)  {
                e.printStackTrace();
        } finally  {
          try {
```

```
            if(stmt != null)  {
                stmt.close();
            }
            if(conn != null&& ! conn.isClosed())  {
                    conn.close();           //关闭数据库连接
            }
    } catch(SQLException e)  catch(Exception e){
                System.out.println(e);
            }
} } }
```

注:TB_Student 表包含 4 列,分别是 StuID(学号,字符型)、SName(姓名,字符型)、Sex(性别,字符型)、Sage(年龄,整型),下面的例子采用的 TB_Student 表结构与此相同。

10.3 Statement

Statement 对象由 Connection 对象调用 createStatement()方法创建。通过 Statement 对象,能够执行各种静态的 SQL 语句操作,如插入、修改、删除和查询等。因为对数据库操作的 SQL 语句其语法和返回类型各不相同,所以 Statement 接口提供了多种 execute()方法用于执行 SQL 语句。表 10.3 是 Statement 对象的主要方法。

表 10.3 Statement 对象的主要方法

方法名称	功能描述
boolean execute(String sql) throws SQLException	执行 SQL 语句,返回 boolean 型
ResultSet executeQuery(String sql) throws SQLException	执行数据库查询操作,返回一个结果集对象
int executeUpdate(String sql)throws SQLException	执行数据库更新的 SQL 语句,如 insert、update 和 delete 等,返回行计数
void close() throws SQLException	关闭 Statement 操作

由表 10.3 可知,Statement 接口提供三种执行 SQL 语句的方法:execute、executeQuery 和 executeUpdate。具体使用哪一个方法由 SQL 语句所产生的内容决定,区别如下:

① execute 方法用于执行返回多个结果集、多个更新计数或二者组合的语句;

② executeQuery 方法用于产生单个结果集的语句,如 SELECT 语句;

③ executeUpdate 用于执行 INSERT、UPDATE 或 DELETE 语句以及 SQL DDL(数据定义语言)语句。

可用 Statement 对象的 executeQuery( )方法执行一个简单的查询,使用方法参见例 10.1。当需要执行数据库更新时,应该使用 executeUpdate 方法。executeUpdate 方法的返回值是一个 int 型数据,表示被更新语句所影响的数据行数量,如果没有数据被更新,则返回 0,意味着更新失败,可以根据这个返回值进行相应的报错处理。

【例 10.2】 利用 Statement 语句更新数据库表。

```
import java.sql.*;
public class InsertDemo{
```

```
            Connection conn = null;
            Statement stmt = null;
            ResultSet rs = null;
            try {
                Class.forName("oracle.jdbc.driver.OracleDriver");    //创建与数据库的连接 conn =
//DriverManager.getConnection("jdbc:oracle:thin:@localhost:1521:orcl","Login","Password");
                stmt = conn.createStatement();
                String sql = "insert into TB_Student(StuID,StuName,Sage) values('04180123','Linda',22)";
                stmt.executeUpdate(sql);                //执行数据库更新操作
                System.out.print("数据插入成功");
                stmt.close();
                conn.close();         //数据库关闭
            }
            catch(Exception e){
                        System.out.println(e);
                    }
}
```

以上程序执行后将会在 TB_Student 中插入一条新的记录,学号为 04180123,姓名为 Linda,年龄 22。

10.4　PreparedStatement

在很多应用中,要查询的内容或更新的内容是运行时由用户临时输入确定的,在编写应用程序时,不能确定 SQL 语句中某些项的值,此时可用 Java 提供的 PreparedStatement 对象来处理。

PreparedStatement 类继承自 Statement 类,可用来执行动态的 SQL 语句,即包含参数的 SQL 语句。由于 PreparedStatement 语句中包含预编译的 SQL 语句,因此可以获得更高的执行效率。特别是当需要反复调用某些 SQL 语句时,使用 PreparedStatement 语句具有明显优势。另外,PreparedStatement 语句中,可以包含多个"?"代表的字段,在程序中利用 setxxx() 方法为 SQL 语句中的参数赋值时,建议利用与参数类型匹配的方法,也可以利用 setObject() 方法为各种类型的参数赋值。PreparedStatement 对象的常用方法如表 10.4 所示。

表 10.4　PreparedStatement 对象的常用方法

方 法 名 称	功 能 描 述
executeQuery()	执行前面定义的动态 SELECT 语句,并返回一个永远不能为 null 的 ResultSet 实例
executeUpdate()	执行前面定义的动态 INSERT、UPDATE 或 DELETE 语句,并返回一个 int 型数值,为同步更新记录的条数
SetInt(int i, int x)	为指定参数设置 int 型值,对应参数的 SQL 类型为 INTEGER
setLong(int i, long x)	为指定参数设置 long 型值,对应参数的 SQL 类型为 BIGINT
setFloat(int i, float x)	为指定参数设置 float 型值,对应参数的 SQL 类型为 FLOAT

续表

方法名称	功能描述
setDouble(int i, double x)	为指定参数设置 double 型值,对应参数的 SQL 类型为 DOUBLE
setString(int i, String x)	为指定参数设置 String 型值,对应参数的 SQL 类型为 VARCHAR 或 LONGVARCHAR
setBoolean(int i, boolean x)	为指定参数设置 boolean 型值,对应参数的 SQL 类型为 BIT
setDate(int i, Date x)	为指定参数设置 java.sql.Date 型值,对应参数的 SQL 类型为 DATE
setObject(int i, Object x)	用来设置各种类型的参数,JDBC 规范定义了从 Object 类型到 SQL 类型的标准映射关系,在向数据库发送时将被转换为相应的 SQL 类型
setNull(int i, int sqlType)	将指定参数设置为 SQL 中的 NULL。该方法的第二个参数用来设置参数的 SQL 类型,具体值从 java.sql.Types 类中定义的静态常量中选择
clearParameters()	清除当前所有参数的值

【例 10.3】 利用 PreparedStatement 语句更新数据库表。

```
import java.sql.*;
public class InsertDemo{
        Connection conn = null;
        PreparedStatement ps = null;
        ResultSet rs = null;
        String sno,sname;
        sno = getInput("请输入学号:");
        sname = getInput("请输入姓名:");
        String sqlString = "insert into TB_Student(StuID,StuName) values(?,?)";

        try {
            Class.forName("oracle.jdbc.driver.OracleDriver"); //创建与数据库的连接 conn =
//DriverManager.getConnection("jdbc:oracle:thin:@localhost:1521:orcl","Login","Password");
        ps = con.prepareStatement(sqlString);
        ps.setString(1, sno);      //设置第一个参数
        ps.setString(2, sname);    //设置第二个参数
        ps.executeUpdate();        //执行数据库更新操作
        System.out.print("数据插入成功");
        ps.close();
        conn.close();     //数据库关闭
        }
        catch(Exception e){
                System.out.println(e);
                }
}
```

以上程序执行后也会在 TB_Student 中插入一条新的记录,与例 10.2 不同的是,学号和姓名是在程序运行中由用户输入的。

10.5 ResultSet

ResultSet 对象是由 Statement 对象或者 PreparedStatement 对象经过数据库查询得到的,包含所有的查询结果,同时具有操作数据的功能,可以完成对数据的更新等操作,常用的方法如表 10.5 所示。

表 10.5 ResultSet 对象的常用方法

方法名称	功能描述
boolean absolute(int row)	将指针移动到此 ResultSet 对象的给定行编号
void afterLast()	将指针移动到此 ResultSet 对象的末尾,正好位于最后一行之后
void beforeFirst()	将指针移动到此 ResultSet 对象的开头,正好位于第一行之前
void cancelRowUpdates()	取消对 ResultSet 对象中的当前行所作的更新
void close()	立即释放此 ResultSet 对象的数据库和 JDBC 资源,而不是等待该对象自动关闭时发生此操作
void deleteRow()	从此 ResultSet 对象和底层数据库中删除当前行
boolean first()	将指针移动到此 ResultSet 对象的第一行
XXX getXXX(String columnName)	XXX 指 boolean、byte、int、double、float、Date、long 等类型,即获得对应属性值
void moveToCurrentRow()	将指针移动到记住的指针位置,通常为当前行
void moveToInsertRow()	将指针移动到插入行
boolean next()	将指针从当前位置下移一行
boolean previous()	将指针移动到此 ResultSet 对象的上一行
boolean relative(int rows)	按相对行数(或正或负)移动指针

结果集读取数据的方法主要是 getXXX(),参数可以是整型,表示第几列(从 1 开始),也可以是列名。返回的是对应的 XXX 类型的值,如果对应列是空值,XXX 是对象的话返回 XXX 型的空值,XXX 是数字类型则返回 0,boolean 返回 false。

结果集从其使用的特点上可以分为三类,这三类的结果集所具备的特点和 Statement 语句的创建有关,结果集具备何种特点决定于创建 Statement 时提供的参数。在 Statement 创建时包括三种类型,首先是无参数类型的,对应的就是下面要介绍的基本的 ResultSet。

1. 最基本的 ResultSet

其作用是完成了查询结果的存储,而且只能顺序读一次,不能来回滚动读取。这种结果集的创建方式如下:

```
Statement stmt = conn.CreateStatement();
ResultSet rs = stmt.excuteQuery(sqlStr);
```

由于这种结果集不支持滚动读取功能,所以如果要读取所有结果集,只能使用 next() 方法逐行读取。

2. 可滚动的 ResultSet 类型

这个类型支持前后滚动取得记录(利用 next()、previous()),回到第一行用 first(),同时还支持用 absolute(int n) 移动到 ResultSet 中的第几行,以及用 relative(int n) 移动到相对当前行的第几行。要实现这样的 ResultSet 在创建 Statement 时用如下的方法：

```
Statement stmt = conn.createStatement(int resultSetType, int resultSetConcurrency);
ResultSet rs = stmt.executeQuery(sqlStr);
```

其中创建 Statement 时两个参数的意义如下。

（1）resultSetType 设置 ResultSet 对象的类型可滚动还是不可滚动，取值如下：
- ResultSet. TYPE_FORWARD_ONLY 只能向前滚动。
- ResultSet. TYPE_SCROLL_INSENSITIVE 和 Result. TYPE_SCROLL_SENSITIVE 这两个方法都能够实现任意的前后滚动，可使用各种移动 ResultSet 指针的方法，二者的区别在于前者对于修改不敏感，而后者对于修改敏感。

（2）resultSetConcurrency 设置 ResultSet 对象是否能修改，取值如下：
- ResultSet. CONCUR_READ_ONLY 是设置为只读类型的参数。
- ResultSet. CONCUR_UPDATABLE 是设置为可修改类型的参数。所以如果只是想要可以滚动的类型的 Result，只要如下创建 Statement 就可以了。

```
Statement stmt =
conn.createStatement(Resultset.TYPE_SCROLL_INSENITIVE,ResultSet.CONCUR_READ_ONLY);
ResultSet rs = st.excuteQuery(sqlStr);
```

用这个 Statement 执行的查询语句得到的就是可滚动的只读的 ResultSet。

3. 可更新的 ResultSet

这样的 ResultSet 对象可以完成对数据库中表的修改，但是由于 ResultSet 相当于数据库中表的视图，所以并不是所有的 ResultSet 只要设置了可更新就能够实现更新的，能够完成更新的 ResultSet 的 SQL 语句必须具备如下属性：

① 只引用了单个表；
② 不含 join 或者 group by 子句；
③ 选取的列中要包含主关键字。

具有上述条件的 SQL 语句相应的可更新的 ResultSet 才能完成对数据的修改，可更新的结果集的创建方法如下：

```
Statement stmt = createstatement(Result.TYPE_SCROLL_INSENSITIVE,Result.CONCUR_UPDATABLE)
```

10.6 结果集元数据

JDBC 驱动程序可用于获取数据库、结果集或参数的元数据。例如，通过 JDBC 驱动程序与数据库管理系统建立连接后，得到一个 Connection 对象，可以从这个对象获得有关数据库管理系统的各种信息，包括数据库中的各个数据表、数据表中的各个列、数据类型、触发器、存储过程等各方面的信息。另外，利用 ResultSet 对象中的 getMetaData( )方法可以获取 ResultSetMetaData 接口对象，利用该对象提供的方法可以获取有关结果集中所包含列的名称和数据类型等信息，常见方法如表 10.6 所示。

表 10.6 ResultSetMetaData 对象的常用方法

方法	功能描述
getColumnCount()	返回数据表的列数
getColumnName()	返回数据表中的列名称，即字段名
getColumnType()	返回字段的类型
getTables()	返回一个 ResultSet 对象

【例 10.4】 利用 ResultSetMetaData 对象查看显示 ResultSet 对象的列名及列值。

```java
import java.sql.*;
public class QueryDemo{
    public static void main(String[] args){
        Connection conn = null;
        Statement stmt = null;
        ResultSet rs = null;
        try {
            Class.forName("oracle.jdbc.driver.OracleDriver");  //创建与数据库的连接 conn =
//DriverManager.getConnection("jdbc:oracle:thin:@localhost:1521:orcl","Login","Password");
            stmt = conn.createStatement();
            rs = stmt.executeQuery("select * from TB_Student");  //发送 SQL 语句到数据库
            for(int i = 1; i <= rs.getMetaData().getColumnCount(); i++)  //显示各个列的名称
            {   System.out.print(rs.getColumnName(i) + "\t");
            }
            while(rs.next())
            {   //显示各个列的值
                for(int j = 1; j <= rs.getMetaData().getColumnCount(); j++)
                    {System.out.print(rs.getObject(j) + "\t");
            }
        } catch (ClassNotFoundException e)  {
                e.printStackTrace();
        } catch(SQLException e)  {
                e.printStackTrace();
        } finally  {
            try {
                if(stmt != null)  {
                    stmt.close();
                }
                if(conn != null&& ! conn.isClosed())  {
                        conn.close();         //关闭数据库连接
                }
            } catch(SQLException e)   catch(Exception e){
                System.out.println(e);
            }
        } } }
```

10.7 用结果集更新数据库表

10.5 节已经介绍过可更新的 ResultSet，通过可更新的 ResultSet 可以直接更新数据库中的表。更新的方法是，把 ResultSet 的游标移动到要更新的行，然后调用 updateXXX()，其中 XXX 的含义和 getXXX() 是相同的。updateXXX() 方法有两个参数，第一个是要更新的列，可以是列名或者序号；第二个是要更新的数据，这个数据类型要与 XXX 相同。每一行更新要调用 updateRow() 完成对数据库的写入，而且要在 ResultSet 的游标没有离开该修改行之前，否则修改将不会被提交。使用 updateXXX() 方法还可以完成插入操作。但是介绍插入操作之前首先要介绍两个方法。

- moveToInsertRow()：把 ResultSet 移动到插入行，这个插入行是表中特殊的一行，不需要指定具体哪一行，只要调用这个方法系统会自动移动到那一行。
- moveToCurrentRow()：把 ResultSet 移动到记忆中的某个行，通常是当前行。如果使用了 insert 操作，这个方法用于返回到 insert 操作之前的那一行。要完成对数据库的插入，首先调用 moveToInsertRow() 移动到插入行，然后调用 updateXXX() 方法完成对各列数据的更新，最后使用 insertRow() 方法写入数据库。要保证在该方法执行之前 ResultSet 没有离开插入列，否则插入不被执行，并且对插入行的更新将丢失。

【例 10.5】 通过可更新 ResultSet 更新数据库中的 TB_Student 表，将表中的所有年龄加 1 岁。

```
import java.sql.*;
public class QueryDemo{
    public static void main(String[] args){
        Connection conn = null;
        Statement stmt = null;
        ResultSet rs = null;
        try {
            Class.forName("oracle.jdbc.driver.OracleDriver");   //创建与数据库的连接 conn =
//DriverManager.getConnection("jdbc:oracle:thin:@localhost:1521:orcl","Login","Password");
            stmt = conn.createStatement();
            rs = stmt.executeQuery("select * from TB_Student");   //发送 SQL 语句到数据库
            while(rs.next()){
                rs.updateInt(4,rs.getInt(4)+1);
                rs.updateRow("Sage",rs.getInt(4)+1);
            }    //查询数据并更新年龄
        } catch (ClassNotFoundException e)  {
                e.printStackTrace();
        } catch(SQLException e)  {
                e.printStackTrace();
        } finally {
          try {
                if(stmt != null)   {
                    stmt.close();
```

```java
            }
            if(conn != null&& ! conn.isClosed())  {
                    conn.close();         //关闭数据库连接
            }
    } catch(SQLException e)   catch(Exception e){
                System.out.println(e);
        }
} } }
```

【例 10.6】 通过可更新 ResultSet 向数据库中的 TB_Student 表插入数据。

```java
import java.sql.*;
public class InsertTest{
    public static void main(String[] args){
        Connection conn = null;
        Statement stmt = null;
        ResultSet rs = null;
        try {
            Class.forName("oracle.jdbc.driver.OracleDriver");//创建与数据库的连接 conn =
//DriverManager.getConnection("jdbc:oracle:thin:@localhost:1521:orcl","Login","Password");
            stmt = conn.createStatement();
            rs = stmt.executeQuery("select * from TB_Student");//发送 SQL 语句到数据库
            rs.moveToInsertRow();    //移动指针到插入行,并更新字段值
            rs.updateString("StuID", "04180137");
            rs.updateString("StuName", "Lixinhua");
            rs.updateString("Sex", "F");
            rs.updateInt("Sage",21 );
            rs.insertRow();    //将更新插入数据库中
            rs.beforeFirst();    //移动指针到记录头
    } catch(ClassNotFoundException e)  {
                e.printStackTrace();
    } catch(SQLException e)   {
                e.printStackTrace();
} finally  {
    try {
            if(stmt != null)  {
                stmt.close();
            }
            if(conn != null&& ! conn.isClosed())  {
                    conn.close();       //关闭数据库连接
            }
    } catch(SQLException e)   catch(Exception e){
                System.out.println(e);
        }
} } }
```

习 题

1. 单选题

(1) JDBC 驱动程序有（　　）种类型。
A. 两种　　　　　　B. 三种　　　　　　C. 四种　　　　　　D. 五种

(2) 下面的描述错误的是（　　）。

A. Statement 的 executeQuery()方法会返回一个结果集

B. Statement 的 executeUpdate()方法会返回是否更新成功的 boolean 值

C. 使用 ResultSet 中的 getString()可以获得一个对应于数据库中 char 类型的值

D. ResultSet 中的 next()方法会使结果集中的下一行成为当前行

(3) 接口 Statement 中定义的 execute 方法的返回类型所代表的含义是（　　）。

A. 结果集 ResultSet　　　　　　　　B. 受影响的记录数量

C. 有无 ResultSet 返回

(4) 接口 Statement 中定义的 executeQuery 方法的返回类型是（　　）。

A. ResultSet　　　　B. int　　　　　　C. boolean

(5) 下面关于 PreparedStatement 的说法错误的是（　　）。

A. PreparedStatement 继承了 Statement

B. PreparedStatement 可以有效防止 SQL 注入

C. PreparedStatement 不能用于批量更新的操作

D. PreparedStatement 可以存储预编译的 Statement，从而提升执行效率

(6) 使用 Connection 的哪个方法可以建立一个 PreparedStatement 接口？（　　）。

A. createPrepareStatement()　　　　　　B. prepareStatement()

C. createPreparedStatement()　　　　　　D. preparedStatement()

(7) 下面的描述正确的是（　　）。

A. PreparedStatement 继承自 Statement

B. Statement 继承自 PreparedStatement

C. ResultSet 继承自 Statement

D. CallableStatement 继承自 PreparedStatement

(8) 下面的选项加载 MySQL 驱动正确的是（　　）。

A. Class.forname("com.mysql.JdbcDriver")；

B. Class.forname("com.mysql.jdbc.Driver")；

C. Class.forname("com.mysql.driver.Driver")；

D. Class.forname("com.mysql.jdbc.MySQLDriver")；

(9) 如果为下列预编译 SQL 的第三个问号赋值，那么正确的选项是（　　）。
UPDATE emp SET ename＝?，job＝?，salary＝? WHERE empno＝?；

A. pst.setInt("3",2000)；　　　　　　　B. pst.setInt(3,2000)；

C. pst.setFloat("salary",2000)；　　　　D. pst.setString("salary","2000")；

2. 多选题

(1) 下列属于 Java 语言的接口是（　　）。

A. Statement　　　　B. Collection　　　　C. ResultSet　　　　D. DriverManager

（2）在 JDBC 编程中执行完下列 SQL 语句：SELECT name，rank，serialNo FROM employee.，能得到 rs 的第一列数据的代码是（　　）。

A. rs.getString(0);　　　　　　　　B. rs.getString("name");
C. rs.getString(1);　　　　　　　　D. rs.getString("ename");

（3）接口 Statement 中定义的 executeUpdate 方法的返回类型以及所代表的含义分别是（　　）。

A. ResultSet　　　　　　　　　　　B. int
C. boolean　　　　　　　　　　　　D. 受影响的记录数量
E、有无 ResultSet 返回

（4）以下哪些是定义在 ResultSet 中用于 Cursor 定位的方法？（　　）。

A. next()　　　　B. beforeFirst()　　　　C. afterLast()
D. isBeforeFirst()　　E. absolute(int)　　F. relative(int)

3．操作题

写一个连接 Oracle 数据库的程序，在如表 10.7 所示 User 表中根据用户名把其中的密码更新成指定的密码的 JDBC 程序，用户名和新密码从键盘输入。

表 10.7　User 表

字段名称	说明	数据类型	约束	备注
Name	用户名	Varchar(10)	主键	
Pwd	密码	Varchar(6)	不允许空	
Email	邮箱	Varchar(64)		
Birthday	生日	DATE		

4．思考题

（1）JDBC 编程的基本步骤有哪些？
（2）JDBC 如何屏蔽不同的数据库驱动程序之间的差异？
（3）在 JDBC 编程时为什么要养成经常释放连接的习惯？

第 11 章 多 线 程

学习目标

- 掌握程序、进程与线程的区别
- 掌握创建线程的常用方法
- 了解线程的生命周期
- 掌握操作线程的常用方法
- 理解多线程的意义以及可能带来的安全问题
- 熟练掌握线程同步技术
- 了解线程通信的常用方法

世间万物会同时完成很多工作,例如人体同时进行呼吸、血液循环、思考问题等活动,用户既可以使用计算机听歌,也可以使用它打印文件,而这些活动完全可以同时进行,这种思想放在 Java 中被称为并发。

Java 语言提供并发机制,程序员可以在程序中执行多个线程,每一个线程完成一个功能,并与其他线程并发执行,这种机制被称为多线程。

11.1 程序、进程与线程

1. 程序(Program)

程序是指令与数据的集合,通常以文件的形式存放在外存中。程序是静态的代码——其可以脱离计算机而存在。

2. 进程(Process)

进程是运行中的程序,也称为任务(Task)。操作系统运行程序的过程即是进程从创建、存活到消亡的过程。

进程与程序的区别主要体现在:

- 进程不能脱离计算机而存在;
- 进程是动态的代码;
- 进程占据的是内存,而程序占据的是外存;
- 进程消亡时,其就不存在了,而程序仍然存在。

3. 线程(Thread)

线程是进程中能够独立执行的实体(即控制流程),是 CPU 调度和分派的基本单位。

线程是进程的组成部分,进程允许包含多个同时执行的线程,这些线程共享进程占据的内存空间和其他系统资源。

线程的"粒度"较进程更小,在多个线程间切换所带来的系统资源开销要比在多个进程间切换的开销小得多,因此,线程也称为轻量级(Light-weight)的进程。

11.2 创建线程的方法

创建线程有多种方式,这里介绍两种比较通用的方式。
(1) 方式一:创建 Thread 类的子类。用这种方法生成新线程,可以按以下步骤进行。
① 创建 Thread 类的子类:

class ThreadTest extends Thread{}

② 在子类中重写 run()方法:

public void run(){}

③ 在 main 方法中创建子类对象,并且调用 start()方法启动新线程:

ThreadTest thread = new ThreadTest();
thread.start();

其中,start()方法将调用 run()方法执行线程。

【例 11.1】 ThreadTest.java。

```java
publicclass ThreadTest extends Thread{
    privateint count = 5; //count 为计数器

    //每隔 100 毫秒,count 减 1,直到 count 为 0 为止
    publicvoid run() {
        while (count >= 0) {
            try {
                //暂停 100 毫秒
                Thread.sleep(100);
                //得到当前运行线程的名称和 count 的值
                System.out.println(Thread.currentThread().getName()
                        + "---" + count--);
            } catch (InterruptedException e) {
                System.out.println(e.getMessage());
            }
        }
    }

    publicstaticvoid main(String[] args) {
        //创建第一个线程
        ThreadTest threadA = new ThreadTest();
        threadA.setName("threadA"); //设置线程名
        threadA.start();
```

```java
        //创建第二个线程
        ThreadTest threadB = new ThreadTest();
        threadA.setName("threadB");//设置线程名
        threadB.start();
    }
}
```

运行结果如下:

threadA - - - 5
threadB - - - 5
threadA - - - 4
threadB - - - 4
threadB - - - 3
threadA - - - 3
threadA - - - 2
threadB - - - 2
threadB - - - 1
threadA - - - 1
threadB - - - 0
threadA - - - 0

从运行结果可以看出,两个线程启动后两者是没有任何联系的,即各自运行。并不像之前我们写的程序,从上往下执行,即只有 threadA 执行完后(从 5 减到 0),才执行 threadB。现在我们把例 11.1 改成非多线程的方式,看看运行结果会有什么不同。

```java
publicclass ThreadTest {
    privateint count = 5;//count 为计数器
    //每隔 100 毫秒,count 减 1,直到 count 为 0 为止
    publicvoid run() {
        while (count >= 0) {
            try {
                //暂停 100 毫秒
                Thread.sleep(100);
                //得到当前运行线程的名称和 count 的值
                System.out.println(Thread.currentThread().getName()
                    + " - - - " + count--);
            } catch (InterruptedException e) {
                System.out.println(e.getMessage());
            }
        }
    }
    publicstaticvoid main(String[] args) {
        //创建第一个 ThreadTest 对象,并调用对象中的 run 方法
        ThreadTest threadA = new ThreadTest();
        threadA.run();
```

```
            //创建第二个 ThreadTest 对象,并调用对象中的 run 方法
            ThreadTest threadB = new ThreadTest();
            threadB.run();
        }
    }
```

运行结果如下:

```
main---5
main---4
main---3
main---2
main---1
main---0
main---5
main---4
main---3
main---2
main---1
main---0
```

很显然如果不采用多线程,程序由上往下执行。多线程的话,每个线程并发执行。

(2) 方式二:实现 Runnable 接口。实现 Runnable 接口,可以按以下步骤进行。

① 定义实现 Runnable 接口的类:

```
class RunnableThread implements Runnable
```

② 并且在该类中实现 run()方法:

```
public void run()
```

③ 先在 main 方法中创建该类对象:

```
RunnableThread runnable = new RunnableThread();
```

④ 然后在 main 方法中用 Thread(Runnable target)构造方法生成 Thread 对象,最后调用 start()方法启动线程:

```
Thread myThread = new Thread(runnable);
myThread.start();
```

【例 11.2】 RunnableThread.java。

```
publicclass RunnableThread implements Runnable{
    privateint count = 5;
    
    /每隔100 毫秒,count 减 1,直到 count 为 0 为止
    publicvoid run() {
        while (count >= 0) {
            try {
```

```java
            Thread.sleep(100);
            System.out.println(Thread.currentThread().getName()
                    + "---" + count--);
        } catch (InterruptedException e) {
            System.out.println(e.getMessage());
        }
    }
}

publicstaticvoid main(String[] args) {
    RunnableThread runnableA = new RunnableThread();
    Thread threadA = new Thread(runnableA, "A");
    threadA.start();

    RunnableThread runnableB = new RunnableThread();
    Thread threadB = new Thread(runnableB, "B");
    threadB.start();
}
}
```

例 11.2 的运行结果与例 11.1 类似,只不过实现的方式不同而已。但推荐大家使用第二种方式。因为方式一采用继承实现,而 Java 是单继承的,一旦一个类继承了 Thread 类就无法再继承其他类了。而方式二是采用接口实现的,不受数量的限制。

11.3　线程的生命周期

线程具有生命周期,其中包含 7 种状态,分别为:出生(新建)状态、就绪状态、运行状态、等待状态、休眠状态、阻塞状态和死亡(终止)状态。

(1) 出生(新建)状态

用户在创建线程时处于的状态,在用户使用该线程实例调用 start()方法之前线程都处于出生状态。

(2) 就绪状态

当用户调用 start()方法后,线程处于就绪状态(又被称为可执行状态)。

(3) 运行状态

当线程得到系统资源后就进入运行状态。

(4) 等待状态

当处于运行状态的线程调用 Thread 类中的 wait()方法时,该线程处于等待状态。

(5) 休眠状态

当处于运行状态的线程调用 Thread 类中的 sleep()方法时,该线程会进入休眠状态。

(6) 阻塞状态

如果一个线程在运行状态下发出输入/输出请求,该线程将进入阻塞状态。

(7) 死亡(终止)状态

当线程的 run() 方法执行完毕时,线程进入死亡状态。

也可把这 7 种状态简化为 5 种状态,即把等待状态、休眠状态和阻塞状态合并为一个阻塞状态。简化后的线程状态转换图如图 11.1 所示。

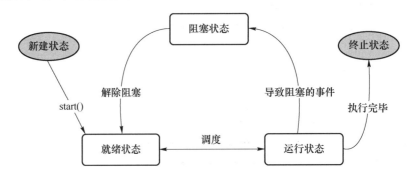

图 11.1 线程的生命周期

这里大家需要注意的是,当我们调用 start() 方法后,线程并没有立即运行,而是进入就绪队列等待调度。下一节我们将介绍线程的调度原则和常用的线程操作方法。

11.4 常用线程操作方法

1. 调度原则

调度就是分配 CPU 资源,确定线程的执行顺序。Java 采用抢占式调度方式,即高优先级线程具有剥夺低优先级线程执行的权力。如果一个低优先级线程正在执行,这时出现一个高优先级线程,那么低优先级线程就只能停止执行,放弃 CPU,退回到就绪队列中,等待下一轮执行,而让高优先级线程立即执行。如果线程具有相同的优先级,则按"先来先服务"的原则调度。

2. 常用的线程操作方法

不同的线程操作方法,往往可以改变线程的当前状态。下面我们介绍几种常用的线程操作方法。

(1) 线程的休眠

sleep():调整 Java 执行时间,所需参数是指定线程的睡眠时间,以毫秒为单位。该方法可让线程进入阻塞状态。例 11.1 和例 11.2 中已经使用该方法。

(2) 线程的加入

join():当某个线程使用 join 方法加入另一个线程时,另一个线程会等待该线程执行完毕后再继续执行。

【例 11.3】 JoinTest.java(代码见附录)。

先看一下例 11.3 的运行效果,运行效果如图 11.2 所示。

从运行效果图中我们可以看到,main 进度条是在 sub 进度条运行结束后才运行的。在程序代码中我们创建了两个线程,一个是 main 进度条线程,另一个是 sub 进度条线程,不进行任何处理的话,这两个线程应该是异步的(并发,自己管自己执行,没有交集)。但现实情况不是这样,原因是我们在 main 进度条线程中加入了语句:

```
threadSub.join();
```

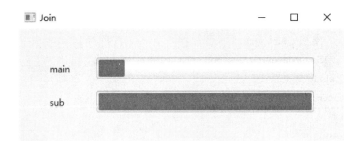

图 11.2 实例 11.3 的运行效果图

其中,threadSub 是 sub 进度条线程对象。

注意:本章中有不少实例采用 GUI 编程,GUI 的界面比较具体和形象,便于我们理解一些概念。GUI 编程我们采用的是 JavaFX,这方面的知识本书不介绍,有兴趣的读者可自行学习。

(3) 线程的中断

线程被中断后,就会进入终止状态。我们比较提倡在 run()方法中使用无限循环,并且用一个布尔型变量控制循环的停止。

【例 11.4】 InterruptTest.java 的运行效果如图 11.3 所示。

图 11.3 实例 11.4 的运行效果

当单击"停止"按钮时,进度指示器会停止更新。在程序中创建一个线程来实现进度指示器的更新,当单击"停止"按钮时,实际上是终止了线程(线程进入终止状态)。终止线程可以采用方法 interrupt(),但是该方法会抛出异常对象,一般需要使用异常处理程序进行处理,比较消耗资源。所以比较推荐使用一个布尔变量来终止线程。具体的实现方式可参见下面的代码片段:

```
publicclass IndicatorThread extends Task<Object>{
    @Override
    /*当变量 count 的值小于等于 100,并且变量 isRun 的值为 true 时,每隔 50 毫秒更新 count 的
值*/
    protected Object call() throws Exception{
        while (count <= 100 &&isRun){
            try{
                //线程休眠 50 毫秒
                Thread.sleep(50);
            } catch (InterruptedException e){
                System.out.println("当前线程被中断");
```

```
                break;
            }
            //更新 count 的值
            this.updateProgress(count++, 100);
        } //while 结束
        returnnull;
    }///call 结束
}///IndicatorThread 结束
```

我们只需要把 isRun 设置为全局变量,在单击"停止"事件中把 isRun 的值设置为 false,线程就会跳出 while 循环,终止线程。

注意:该实例中用到的 Task 类是 JavaFX 中有关线程的类,读者不必过于纠结 Task,这个例子的主要目的是让大家了解终止线程的方式。

(4) 线程的礼让

yield():暂停调度线程并将其放在就绪队列末尾,等待下一轮执行,使同优先级的其他线程有机会执行。

11.5 线程同步

1. 为什么需要线程同步?

多线程提高了程序的并发度,但有时候是不安全的或者不合逻辑的,因此需要多线程同步技术来进行线程控制。线程同步是多线程编程的一个相当重要的技术。

实质上线程安全问题来源于两个或者多个线程同时存取同一对象的数据。因此多线程同步控制机制就是要保证同一时刻只有一个线程访问共享资源。例 11.5 是一个模拟卖票的程序,一开始共有 10 张票,有 4 个售票窗口(4 个线程)在卖,每个窗口每次只卖一张票。由于该程序没有采用线程同步技术,因此会产生不符合现实情况的结果。

```
A-tickets leaving: 9
D-tickets leaving: 6
B-tickets leaving: 8
C-tickets leaving: 7
A-tickets leaving: 4
D-tickets leaving: 5
B-tickets leaving: 5
C-tickets leaving: 4
B-tickets leaving: 3
D-tickets leaving: 1
A-tickets leaving: 0
C-tickets leaving: 2
```

结果中的 A、B、C、D 分别代表 4 个售票窗口(线程),理想情况下剩余票数应该是逐渐减少的。但是运行结果显然不是。而且每次运行,都会产生不同的不符合常理的结果。

产生这样的结果是因为这 10 张票在 4 个售票窗口(线程)同时在卖,所以这 10 张票就是共享资源。多个线程可能会同时访问共享资源,因此会产生线程安全问题。

【例 11.5】 ThreadUnSafeTest.java。

```java
publicclass ThreadUnSafeTest implements Runnable {
    privateint num = 10; //设置当前总票数
    publicvoid run() {
        while (true) {
            if (num > 0) {
                    System.out.println(Thread.currentThread().getName()
                            + " - tickets leaving: " + --num);
            } else {
                break;
            }//if 结束
            try {
                Thread.sleep(100);
            } catch (Exception e) {
                e.printStackTrace();
            }//try 结束
        }//while 结束
    }//run 结束

    publicstaticvoid main(String[] args) {
        ThreadUnSafeTest t = new ThreadUnSafeTest(); //实例化类对象
        Thread tA = new Thread(t, "A"); //以该类对象分别实例化 4 个线程
        Thread tB = new Thread(t, "B");
        Thread tC = new Thread(t, "C");
        Thread tD = new Thread(t, "D");
        tA.start(); //分别启动线程
        tB.start();
        tC.start();
        tD.start();
    }//main 结束
}
```

2. 如何解决资源共享的问题？

基本上所有解决多线程资源冲突问题的方法都是在给定时间只允许一个线程访问共享资源,这时就需要给共享资源上一道锁。这就好比一个人去 ATM 机取钱,进入 ATM 取款亭后将门锁上,当他出来时再将锁打开,然后其他人才可以进入。下面介绍两种线程同步方法。

(1) 方式一:同步块。

语法如下:

```
synchronized(Object){
        …//
}
```

通常把访问共享资源的操作放在 synchronized 定义的区域内。Object 为任意一个对象。这里需要注意的是虽然这个对象可以是任意的,但每个线程只有使用同一个对象,才能实现线

程同步。这容易理解,比如大家只有使用同一个 ATM 取款亭,那上锁、开锁才有意义,即线程才能产生互斥。例 11.6 是采用同步块的方式实现线程同步,解决了例 11.5 中的线程安全问题。

【例 11.6】 ThreadSafeTest1.java。

```java
publicclass ThreadSafeTest1 implements Runnable {
    privateint num = 10;  //设置当前总票数
    private Object obj = new Object();

    publicvoid run() {
        while (true) {
            synchronized(obj){
                if (num > 0) {
                    System.out.println(Thread.currentThread().getName()
                            + "-tickets leaving:" + --num);
                } else {
                    break;
                }
            }//同步块结束
            try {
                Thread.sleep(100);
            } catch (Exception e) {
                e.printStackTrace();
            }
        }
    }
……
```

例 11.6 的运行结果如下:

A-tickets leaving:9
C-tickets leaving:8
B-tickets leaving:7
D-tickets leaving:6
A-tickets leaving:5
D-tickets leaving:4
B-tickets leaving:3
C-tickets leaving:2
A-tickets leaving:1
C-tickets leaving:0

(2) 方式二:方法同步。

方法同步方式仅需将访问共享资源的操作放在方法中,然后在该方法前加上关键字 synchronized 即可。

用 synchronized 修饰的方法和代码段分别称为方法同步和代码段同步,它意味着同一时刻该方法或代码段只能被一个线程执行,其他想执行该方法或代码段的线程必须等待。例 11.7 采用方法同步的方式来实现线程同步,解决了例 11.5 中的线程安全问题。

【例 11.7】 ThreadSafeTest2.java。

```
publicclass ThreadSafeTest implements Runnable {
    privateint num = 10; //设置当前总票数
    private Object obj - new Object();
    privateboolean isRun = true;

    //使用关键字 synchronized 定义同步方法
    publicsynchronizedvoid sellTickets() {
        if (num > 0) {
            System.out.println(Thread.currentThread().getName()
                    + " - tickets leaving: " + -- num);
        } else {
            isRun = false;
        }
    }//同步方法定义结束

    publicvoid run() {
        while (isRun) {
            sellTickets();

            try {
                Thread.sleep(100);
            } catch (Exception e) {
                e.printStackTrace();
            }
        }
    }
……
```

11.6 线程通信

(1) 线程之间的通信可使用 wait()、notify()以及 notifyAll()方法实现。
- notify()或 notifyAll()方法:唤醒其他一个或所有线程。
- wait()方法:使该线程处于阻塞状态,等待其他的线程用 notify()或 notifyAll()方法唤醒。

(2) 使用要求:
- 必须在 synchronized 方法或块中调用。因为只有在同步代码段中才存在资源锁定;
- 上述方法直接隶属于同步块对象,而不是 Thread 类中的方法。

例 11.8 用两个线程绑定了同一个进度条,实现对进度条值的更新。其中一个线程(t_2 线程)负责对进度条的值进行递减操作,当进度条的值为 0 时,唤醒另一个线程(t_1 线程),然后自己等待。t_1 线程负责将进度条的值恢复成 100，然后唤醒 t_2 线程，自己等待。

因为这两个线程访问的是同一个对象，这就会产生线程安全问题，所以需要采用线程同步技术来保证线程安全，本例采用的是同步块方式。此外由于两个线程需要相互通信，所以使用了 notify() 和 wait() 方法。运行效果如图 11.4 所示。

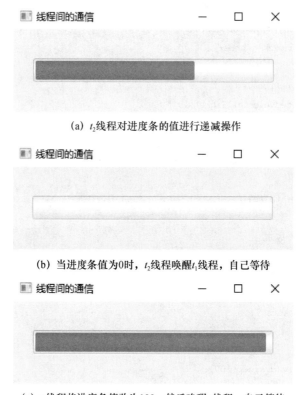

图 11.4 例 11.8 的运行效果

【例 11.8】 Communicate.java。

```
import javafx.application.Application;
import javafx.concurrent.Task;
import javafx.scene.Scene;
import javafx.scene.control.ProgressBar;
import javafx.scene.layout.StackPane;
import javafx.stage.Stage;

public class Communicate extends Application {
    private double count = 0;
    final private int WINDOW_WIDTH = 350;
    final private int WINDOW_HEIGHT = 100;
    final private StackPane mainPane = new StackPane();
    final private ProgressBar progressBar = new ProgressBar();
    final private Object synObject = new Object();
```

```java
        private Thread t1, t2;

        @Override
        publicvoid start(Stage stage) throws Exception {
            progressBar.setPrefSize(300, 30);
            mainPane.getChildren().add(progressBar);

            Scene scene = new Scene(mainPane, this.WINDOW_WIDTH, this.WINDOW_HEIGHT);
            stage.setScene(scene);
            stage.setTitle("线程间的通信");
            stage.show();

            //创建 t1 线程和 t2 线程
            t1 = new Thread(new AddValue());
            t2 = new Thread(new DeValue());

            //把进度条的进度与两个 Task 对象中的进度绑定
    progressBar.progressProperty().bind(addTask.progressProperty());
            progressBar.progressProperty().bind(deTask.progressProperty());

            //把 t1 和 t2 设置为后台线程,这样它们会随着应用程序的结束而结束
            t1.setDaemon(true);
            t2.setDaemon(true);
            t1.start();
            t2.start();
        }
        /* 由于需要在后台线程中访问应用程序界面(组件),所以继承 Task 类
         * 该类的主要功能是如果 count 的值为 0,则将 count 值恢复成 100,
         * 然后唤醒 t2 线程,自己等待
         */
        publicclass AddValue extends Task<Object> {
            @Override
            protected Object call() throws Exception {
                while (true) {
                    //由于多个线程访问共享资源,所以需要使用线程同步
                    synchronized (synObject) { //定义同步块
                        System.out.println("t1 线程在运行");
                        if (count == 0) {
                            //将 count 的值恢复成 100
                            updateProgress(count = 100, 100);
                            System.out.println("count 的值现已恢复成 100 ");

                            try {
                                System.out.println("唤醒 t2 线程,t1 线程等待");
```

```java
                    //唤醒和等待语句必须使用同一个同步块对象
                    synObject.notify();  //唤醒 t2 线程
                    synObject.wait();  //当前线程 t1 进入阻塞状态
                } catch (InterruptedException e) {
                    e.printStackTrace();
                }
            }//if 结束
        }//同步块结束

        try {
            Thread.sleep(50);  //使当前线程休眠 50 毫秒
        } catch (Exception e) {
            e.printStackTrace();
        }
    }//while 结束
    }//重写 call 方法结束
}//定义 AddValue 类结束

/* 该类的主要功能是对 count 进行递减操作,
 * 当 count 为 0 时,唤醒 t1 线程,自己等待(进入阻塞状态)
 */
publicclass DeValue extends Task<Object> {
    @Override
    protected Object call() throws Exception {
        while (true) {
            //访问同一个共享资源,所以需要使用同一个同步块对象
            synchronized (synObject) {  //定义同步块
                if (count == 0) {
                    try {
                        System.out.println("唤醒线程 t1, t2 线程等待");
                        synObject.notify();  //唤醒线程 t1
                        synObject.wait();  //t2 线程(当前线程)等待
                    } catch (Exception e) {
                        e.printStackTrace();
                    }
                } else {
                    updateProgress(--count, 100);  //count 值递减
                    System.out.println("进度条的当前值为:" + count);
                }
            }//同步块定义结束

            try {
                Thread.sleep(50);
            } catch (Exception e) {
```

```
                    e.printStackTrace();
                }
            }//while 结束
        }//重写 call 方法结束
    }//定义 DeValue 类结束

    publicstaticvoid main(String[] args) {
        launch(args);
    }
}
```

这里需要注意两点:

① 当在 AddValue 类和 DeValue 类中定义同步块时,所传入的参数必须是同一个对象:本例用的是 synObject 对象:

synchronized (synObject) { //定义同步块
…

同步块中只有使用同一个对象,两个线程在访问共享资源时才能产生互斥,即 t_1 线程执行同步块时,t_2 线程无法访问共享资源,只有当 t_1 线程执行完同步块中的代码,释放资源后,t_2 线程才能访问。

② notify()、notifyAll()、wait()方法是同步对象中的方法,并不是 Thread 类中的方法。所以调用的方式是:

synObject.notify();
synObject.notifyAll();
synObject.wait();

③ notify()方法或者 notifyAll()方法只能唤醒一个或所有使用相同同步对象的线程。
例如:

synObject.notify();

该语句只能唤醒使用 synObject 同步对象,且处于阻塞状态中的一个线程,具体哪个线程是无法指定的。如果想唤醒所有使用 synObject 同步对象,且处于阻塞状态中的线程,则需要使用语句:

synObject.notifyAll();

(3) wait()方法 sleep()方法的区别

我们知道线程调用 wait()方法后可以使该线程从运行状态进入阻塞状态,而 sleep()方法也能达到这样一个效果(阻塞状态),那么两者究竟有何区别呢?

从同步的角度上来说,调用 sleep()方法的线程不释放资源,但调用 wait()方法的线程释放资源。

习 题

1. 创建如图 11.5 所示窗体(三个标签、三个文本框和一个按钮)。

图 11.5 运行界面

当单击"开始"按钮时,系统创建三个线程,这三个线程每隔 100 ms 随机产生一个大写英文字母。线程一产生的字母在第一个文本框中显示。线程二产生的字母在第二个文本框中显示,线程三产生的字母在第三个文本框中显示。同时按钮上的文字会变成"停止",如图 11.6 所示。

图 11.6 单击"开始"按钮之后显示的界面

当单击"停止"按钮时,结束先前创建的三个线程。按钮上的文字恢复成"开始"。再单击"开始"按钮,又会重新在文本框中随机地显示大写字母。

2. 假设售票厅共有 4 个卖票窗口和 4 个退票窗口,刚开始共有 10 张车票可售。写一个模拟卖票(含处理退票)的程序。该程序必须创建 4 个卖票线程和 4 个退票线程,并规定每个卖票线程每次只能卖 1 张票,每个退票线程每次只处理一张退票。如果剩余的票数为 0,卖票线程等待。如果剩余的票数为 10,则退票线程等待。程序运行 10 秒后结束线程,终止程序。该程序是控制台应用程序,此题必须使用 wait()方法和 notify()方法实现。

由于各线程的运行次序具有不确定性,所以程序的每次运行结果都不会相同。下面是程序某一次运行的部分输出结果:

```
SellA-tickets leaving:9
SellC-tickets leaving:8
RefundD-tickets leaving:9
RefundC-tickets leaving:10
RefundA---Wait
RefundB---Wait
SellD-tickets leaving:9
SellB-tickets leaving:8
RefundC-tickets leaving:9
SellA-tickets leaving:8
SellB-tickets leaving:7
RefundB-tickets leaving:8
```

```
RefundA-tickets leaving：9
SellD-tickets leaving：8
RefundD-tickets leaving：9
SellC-tickets leaving：8
RefundD-tickets leaving：9
SellB-tickets leaving：8
SellA-tickets leaving：7
RefundC-tickets leaving：8
RefundA-tickets leaving：9
RefundB-tickets leaving：10
SellD-tickets leaving：9
SellC-tickets leaving：8
RefundA-tickets leaving：9
SellB-tickets leaving：8
RefundD-tickets leaving：9
```

输出说明：

- "SellA-tickets leaving：9"表示卖票线程"SellA"卖出了1张票,目前可售票数为9张。
- "RefundD-tickets leaving：9"表示退票线程"RefundD"处理了1张退票,目前可售票数为9张。
- "RefundA---wait"表示由于当前可售票数已达到10张,所以退票线程"RefundA"被迫等待。
- "SellB-----wait"表示由于当前可售票数为0张,所以卖票线程"SellB"被迫等待。

尝试着改变退票线程的数量,比如只有两个退票线程。下面是只有两个退票线程时,程序运行的部分输出结果：

```
SellA-tickets leaving：9
SellD-tickets leaving：8
SellB-tickets leaving：7
SellC-tickets leaving：6
RefundB-tickets leaving：7
RefundA-tickets leaving：8
RefundB-tickets leaving：9
SellC-tickets leaving：8
SellA-tickets leaving：7
RefundA-tickets leaving：8
SellD-tickets leaving：7
SellB-tickets leaving：6
SellC-tickets leaving：5
SellB-tickets leaving：4
RefundB-tickets leaving：5
SellD-tickets leaving：4
SellA-tickets leaving：3
RefundA-tickets leaving：4
```

SellD-tickets leaving: 3
RefundB-tickets leaving: 4
SellC-tickets leaving: 3
SellB-tickets leaving: 2
RefundA-tickets leaving: 3
SellA-tickets leaving: 2
SellC-tickets leaving: 1
SellB-tickets leaving: 0
RefundA-tickets leaving: 1
RefundB-tickets leaving: 2
SellA-tickets leaving: 1
SellD-tickets leaving: 0
RefundA-tickets leaving: 1
SellA-tickets leaving: 0
SellD --- Wait
SellB --- Wait
SellC --- Wait
RefundB-tickets leaving: 1
RefundB-tickets leaving: 2

输出说明：

- "SellD---wait"表示由于当前可售票数为 0 张，所以卖票线程"SellD"被迫等待。

参考文献

[1] 张永强,张墨华.Java 程序设计教程.北京:清华大学出版社,2010.
[2] 唐亮,王洋.用微课学 Java 开发基础.北京:高等教育出版社,2016.
[3] 张永常.Java 程序设计实用教程.北京:电子工业出版社,2006.
[4] 邵丽萍,邵光亚,张后扬.Java 语言实用教程.北京:清华大学出版社,2008.
[5] http://www.runoob.com/java/java-operators.html.
[6] 刘乃琦,苏畅.Java 应用开发与实践.北京:人民邮电出版社,2014.
[7] 梁勇.Java 语言程序设计(基础篇).10 版.戴开宇,译.北京:机械工业出版社,2016.
[8] 姚远,苏莹.Java 程序设计.北京:机械工业出版社,2017.
[9] 王吴迪,赵枫朝.Java 开发与应用教程.北京:电子科技大学出版社,2006.
[10] 钱慎一.Java 程序设计实用教程.北京:科学出版社,2011.
[11] 毛雪涛,丁毓峰.Java 程序设计.北京:电子工业出版社,2018.
[12] http://www.word-converter.net.
[13] 唐亮,杜秋阳.用微课学 Android 开发基础.北京:高等教育出版社,2016.
[14] 吴金舟,鞠凤娟.Java 语言程序设计.北京:中国铁道出版社,2017.
[15] Brett McLaughlin.Java 与 XML.孙兆林,等,译.北京:中国电力出版社,2001.
[16] 青岛英谷教育科技股份有限公司.Java 设计模式.西安:西安电子科技大学出版社,2016.
[17] 天津滨海迅腾科技集团有限公司.Java Web 应用程序开发.天津:南开大学出版社,2017.
[18] 天津滨海迅腾科技集团有限公司.Java 面向对象程序设计.天津:南开大学出版社,2017.

附 录

【例 11.3】 JoinTest.java。

该实例是 JavaFX 程序,大家不一定要理解每一行代码,但需关注 MainBarThread 类中用加粗斜体标注的语句,即 join()方法的调用。

```java
import javafx.application.Application;
import javafx.concurrent.Task;
import javafx.geometry.Pos;
import javafx.scene.Scene;
import javafx.scene.control.Label;
import javafx.scene.control.ProgressBar;
import javafx.scene.layout.HBox;
import javafx.scene.layout.VBox;
import javafx.stage.Stage;

public class JoinTest extends Application {
    private final int WIDTH = 450;
    private final int HEIGHT = 150;
    //定义两个线程变量
    private Thread threadMain;
    private Thread threadSub;
    //定义两个进度条组件,和相关的标签组件
    private final ProgressBar mainProgressBar = new ProgressBar();
    private final ProgressBar subProgressBar = new ProgressBar();
    private final Label mainLabel = new Label("main");
    private final Label subLabel = new Label("sub");

    @Override
    public void start(Stage stage) throws Exception {
        //******界面设计部分
        //设置标签的宽和高
        mainLabel.setPrefSize(60, 30);
        subLabel.setPrefSize(60, 30);
```

```java
//设置标签中文字的对齐方式
mainLabel.setAlignment(Pos.CENTER_LEFT);
subLabel.setAlignment(Pos.CENTER_LEFT);

//设置进度条的宽和高
mainProgressBar.setPrefSize(300, 30);
subProgressBar.setPrefSize(300, 30);

//把标签和进度条放到HBox(水平盒子)中,组件之间的水平间距为5像素
HBox topBox = new HBox(5, mainLabel, mainProgressBar);
HBox belowBox = new HBox(5, subLabel, subProgressBar);

//设置HBox中组件的对齐方式
topBox.setAlignment(Pos.CENTER);
belowBox.setAlignment(Pos.CENTER);

//把两个HBox对象放到VBox(垂直盒子)中,组件的垂直间距为15像素
VBox mainPane = new VBox(15, topBox, belowBox);
mainPane.setAlignment(Pos.CENTER);

//创建场景,把VBox对象放入场景,并且设置场景的宽和高
Scene scene = new Scene(mainPane, this.WIDTH, this.HEIGHT);
//把新创建的场景对象作为舞台场景
stage.setScene(scene);
//设置舞台的标题
stage.setTitle("Join");
//显示舞台
stage.show();

//使用内部类形式初始化Thread实例子
Task<Void> mainBar = new MainBarThread();
Task<Void> subBar = new SubBarThread();

//把进度条对象的属性与Task线程对象的属性关联
mainProgressBar.progressProperty().bind(mainBar.progressProperty());

subProgressBar.progressProperty().bind(subBar.progressProperty());

    threadMain = new Thread(mainBar);
```

```java
        threadMain.setDaemon(true);
        threadMain.start();    //启动线程 Main,并在后台运行
        threadSub = new Thread(subBar);
        threadSub.setDaemon(true);
        threadSub.start();    //启动线程 Sub,并在后台运行
    }

    //********线程 threadMain 相关的类
    private class MainBarThread extends Task<Void> {
        int count = 0;

        @Override
        protected Void call() throws Exception {
            while (count < 100) {
                count++;
                //更新 Task 对象中 progress 属性的值
                //progress 属性值设置为 count 的值
                updateProgress(count, 100);

                try {
                    Thread.sleep(30);
                    //threadSub 线程加入,threadSub 线程执行完后,
                    //再执行 threadMain 线程
                    threadSub.join();
                } catch (Exception e) {
                    e.printStackTrace();
                }
            }
            return null;
        }
    }

    //********线程 threadSub 相关的类
    private class SubBarThread extends Task<Void> {
        int count = 0;

        @Override
        protected Void call() throws Exception {
            while (count < 100) {
```

```
                count ++ ;
                updateProgress(count, 100);

                try {
                    Thread.sleep(30);
                } catch (Exception e) {
                    e.printStackTrace();
                }
            }
            return null;
        }
    }

    public static void main(String[] args) {
        launch(args);
    }
}
```